# 원주율 π의 불가사의

## 아르키메데스에서 컴퓨터까지

호리바 요시카즈 지음

한명수 옮김

전파과학사

【지은이 소개】

堀場芳數 호리바 요시카즈

도쿄도(東京都) 태생.

도쿄 물리학교(현 도쿄 이과대학) 수학과 졸. 오랫동안 도립 고교에서 교편을 잡고 저술에 전념하고 있다. 일본 수학 교육학회·일본 수학사 학회 회원. 학생 시절에 유명한 수학자인 사사베(笹部貞市郎), 미가미(三上義夫), 야베(矢野健太郎) 선생에게 사사하고 특히 수학사에 흥미를 가지고 연구를 계속하고 있다. 저서에는 『어린이 컬러 도감』, 『학습 종합 대백과사전』, 『건설계의 수학사전』, 『만화 산수 퀴즈』 등, 이외에 다수의 학습 참고서가 있다. 취미는 등산.


【옮긴이 소개】

韓明洙 한명수

1927년 함남 함흥 생.

서울대 사범대 수학. 전파과학사 주간. 동아출판사 편집부 근무. 신원기획 일어부장 역임.

역서: 『현대물리학 입문』, 『인류가 태어난 날 I·III』, 『물리학의 재발견(上·下)』, 『우주의 종말』, 『초고진공이 여는 세계』, 『중성자 물리의 세계』, 『성층권 오존』 등.

# 처음에

여러분이 「가장 관심이 있는 수는?」「흥미가 끌리는 수는?」이라는 질문을 받았다고 하자. 당신은 뭐라고 대답하겠는가.

넘버 1이라든가, 럭키 7 같은 것은 제외한다고 하고, 수학적인 의미에서라면 0, 그렇지 않으면 3.14?

3.14라는 수는 말할 것도 없이 원주율 $\pi$(파이)의 근삿값(!)이다.

초등학교 고학년의 산수 교과서의 원의 넓이에서 얼굴을 내밀 정도로 친근한, 유명한 수이다.

$\pi$는 참으로 불가사의하고 실로 멋진 수라고 생각한다. 더욱이 무리수이다.

놀랍게도 이 수는 이미 지금으로부터 4,000년도 옛날인 기원전 2,000년쯤의 바빌로니아에서 발견되었다. $\pi$는 자연 속에 교묘히 숨겨져 있던 무리수이며, 음수나 허수와 같이 인간이 만들어 낸 수는 아니었다.

그런데 수학사상, 원주율의 계산만큼 많은 수학자를 고생시킨 것도 없었을 것이다.

기원전부터, 수천 년이나 오랫동안 거의 모든 수학자가 한 번은 손을 댔다는 것을 생각해도 $\pi$의 계산이 얼마나 큰일이었던가를 알 수 있을 것 같다.

지금은 컴퓨터의 발명·발달에 의해서 수억 자리까지도 계산할 수 있게 되었지만, 컴퓨터가 출현하기까지는 많은 사람이 땀과

눈물을 흘렸다.

707자리까지 계산하는 데도 많은 사람의 노력과 수천 년이라는 세월이 소요되었다. 그중에는 무려 $\pi$의 계산에 일생을 바친 수학자가 있었을 정도이다. 그런데 원주율이라는 것은 원주의 길이를 지름의 길이로 나눈 값(비, 율)에 지나지 않는다.

직선인 지름의 길이를 재는 것은 아주 쉽지만, 곡선인 원주의 길이를 어떻게 재면 되는가는 고생의 씨앗이 된다.

이 책에서는 선배 수학자의 고심 고생의 자국을 독자 여러분에게 이해시키기 위하여 기원전까지 때를 거슬러 올라가 원주율에 대해서 여러 가지 각도에서 알아본 것을 순서에 따라 적었다.

읽어 보고 어떻게 하여 오늘날 원주율의 근삿값(!)이 완성되었는가, 또 $\pi$는 어떻게 이용되고 있는가, 나아가서는 수학의 전역에서 활약하고 있는 $\pi$라는 수의 근사함, 재미, 불가사의함을 이해하였다면 다행으로 생각하겠다.

호리바 요시카즈

# 차례

# 제1장

# $\pi$는 옛날부터 알려져 있었다

## ■ 1-1 기원전의 태양도 둥글었다!

인류 조상의 조상이 이 지구상에 나타난 지도 수천만 년이라는 시간이 지났다.

우리가 보는 태양은 거의 원형이지만, 달은 지구 그늘에 들어가므로 원형이 되었다가 기울기도 한다.

타원·포물선·쌍곡선 등은 훨씬 나중에 발견된 곡선이지만, 태양의 원형은 지구 탄생 훨씬 전부터 있었을 것이다. 또한 달의 탄생은 아마 지구와 같은 무렵일 것이다.

그런데, 인류가 도구나 불을 사용하게 되고 나서 얼마 후, 태양이나 달, 또는 동물이나 어류의 눈이 둥근 것, 즉 원이라는 모양에 불가사의함을 느꼈음에 틀림없다.

그 후, 점차 문명이 발달하여 기원전 3세기가 될 무렵에 고대 그리스의 유클리드에 의해서 기하학도 정리되어 있었으므로, 원형의 주위나 그 넓이를 어떻게 계산하는가 하는 것은 수학자가 아니라도 생각했을 것이다.

이집트의 로제타석(고대 이집트 문자의 해독 열쇠가 된 돌 비석)이나 린드 파피루스에 서기 아메스가 기록하기 이전에도 모래땅에 막대를 세워서 일정한 길이의 밧줄 끝에 다른 막대를 묶고 컴퍼스처럼 원을 그린 사람도 반드시 있었을 것이다.

옛날 사람은 둥근 것이
불가사의했다

## ■ 1-2 원주와 지름은 비례한다

많은 사람이 원이 크고 작음과 관계 없이 원주의 길이와 지름의 비가 일정할 것이라고 생각하게 된 건 언제부터일까?

아주 옛날에도 수의 성장 과정에서 1 과 많은 것밖에 구별하지 못했음에 틀림 없다.

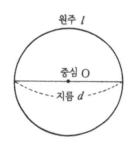

더욱이, 훨씬 처음 무렵에는 수는 1 과 2만이 있다고 생각했던 것 같다.

그러나, 한 사람에 2개의 다리, 2개 의 팔이 있는 데서, 두 사람이면 4개의 다리와 4개의 팔이 있는 것과 가축의 다리는 4개 있어서 두 마리 의 가축이면 8개의 다리를 가지는 것 등, 비례에 대한 개념이 이 윽고 알려지게 되었다.

또한, 큰 돌은 무겁고, 작은 돌은 가볍다는 것을 알게 되자, 비 례에 대한 개념은 비례상수로까지 발전한 것 같다.

이러한 단계를 거쳐 원주의 길이와 그 원의 지름 사이에는 일 정한 비례상수가 있을 것이 틀림없다고 생각하게 된 것 같다.

그런데, 원에는 물론 크고 작은 것이 있는데, 하나의 원에 대해 서는 원주의 길이 $l$과 그 원의 지름 $d$ 사이의 비, 즉 비례상수가 원주율 $\pi$라고 생각했을 것이다.

## ■ 1-3 원주율은 기원전부터 있었다

옛날 기록에 의하면, 원주율 $p$는 원주의 길이 $l$을 지름 $d$로 나 눈 값, 즉 「$p$는 $l$ 나누기 $d$」였다. 현재의 표현법으로 고치면 $p = l \div d$

이다.

그 무렵, 덧셈·뺄셈·곱셈 따위는 이미 알려졌음에 틀림없다.

그러나 원주율이라는 말이나 원주율을 나타내는 기호는 없었다고 생각된다.

기원전 2000년 무렵의 바빌로니아 사람은 원주율의 값을 3 또는 $3\frac{1}{8}$ 이라고 생각했던 것 같다.

또한, 조금 뒤의 시대에 이집트 사람은 원주율 값을 $p = 4 \times \left(\frac{8}{9}\right)^2$ (물론 현대식 표현으로 고친 것이다)이라 하였다.

이 이야기는 유명한 린드 파피루스에 있는 것이다. 계산하면 3.16049……가 된다.

당시로는 아마 $p = 4 \times \frac{8}{9} \times \frac{8}{9}$ 이었을 것이다.

현대 수학자의 상상에 의하면 이렇다.

옛날, 나일강은 자주 홍수가 일어나 토지 경계를 모르게 되었다. 그래서, 토지를 측량하는 토지 측량사가 활약했다.

토지 측량사는 나일강가의 판판한 모래 위에 말뚝을 박고, 일정한 길이의 밧줄을 묶어 그 밧줄 끝에 다른 짧은 막대를 묶고 모래 위에 원을 그린다.

그 짧은 막대로 지면을 긁으면 원주가 그려진다.

그래서, 밧줄을 사용하여 지름의 길이를 재고, 그 지름으로 모래 위에 그려진 원주의 길이를 재면 3배가 되고 조금 남는다.

그 나머지에 신경 쓰지 않으면 원주율은 대략 3이라고 생각해도 되지 않는가.

그러나, 대략은 안 된다.

남은 부분의 길이를 단위로 하여 지름 길이를 재면, 7개분과 조금 남으므로, 지름의 길이를 1이라고 가정하면, 원주의 길이는 3과 $\frac{1}{7}$ 보다 작게 된다.

이렇게 상상하면, 원주율은 $3\frac{1}{7}$ 과 $3\frac{1}{8}$ 사이에 있을 것이 틀림 없다.

아마, 이런 사실에서 옛날 원주율은 3, $3\frac{1}{7}$, $3\frac{1}{8}$ 로 되어 있었을 것이다.

그것으로 충분히 유용했다.

## ■ 1-4 원적 문제란?

기원전의 옛날부터 원주율은 여러 가지로 생각되어 그 값의 계산도 여러 가지가 있었는데, 여기에 또한 재미있는 얘기가 전해진다.

그것을 사람들은 「원적 문제(圓積問題)」라고 부른다.

지금부터 2,000년쯤 옛날, 그리스에서 이오니아 학파가 활약하고 있던 무렵, 아낙시메네스라는 천문학자가 있었다.

그 제자에 아주 머리가 좋은 청년이 있었다. 그 사람 이름은 아낙사고라스(Anaxagoras, B.C. 500~B.C. 428)라고 했다.

그는 올바른 판단을 할 수 있었고, 영리한 두뇌를 가졌기 때문에 천문학에 대해서 여러 가지를 밝혀냈다.

그런데, 그 무렵의 천문학에 관한 일은 모두 하느님의 탓이라고 생각했으므로, 그 일에 대해서는 과학이란 메스를 들이미는 사람은 없었다.

그런데 아낙사고라스는 태양의 운행, 밤낮의 변함, 만월이나 달

14

의 기욺, 별의 운행 등을 조사
하고, 그 밖에도 여러 가지 천
변지이는 모두 인간의 힘으로
해명할 수 있는 것이라고 생각
했다.

그래서, 여러 가지로 연구를
거듭했다. 그런데, 일반 사람들
은 신을 모독하는 불온 분자라
고 생각하고 몹시 비난했다.

드디어 그는 체포되어 투옥
되었다. 그리고도 책을 모두
몰수당했다. 그래서, 감옥 안

원과 같은 넓이를 가진 정사각형을
만들 수 있는가

에서도 할 수 있는 일, 즉 머리를 써서 한 가지 기하학 문제를
생각해 냈다. 이것이 유명한 원적 문제의 탄생이다.

원적 문제란 「원과 같은 넓이를 가진 정사각형을 만들라」라는
것이다.

그리고, 이 문제를 푸는 하나의 방법으로 원주율을 처음 생각한
사람이 아낙사고라스라고 주장하는 연구자도 있다.

이 문제는 세계 3대 난문의 하나이다.

그런데, 이 세계 3대 난문은 모두 기하학 문제, 더군다나 작도
(作圖)문제뿐이다.

작도문제란 자와 컴퍼스만을 써서 도형을 그리기로 약속이 되어
있어서 길이를 재는 자나 각도를 재는 각도기를 써서는 안 된다.

원적 문제를 제1이라고 생각하면, 삼대 문제의 제2, 제3은 다음
과 같다.

제2는 「주어진 각을 3등분하라」, 제3은 「주어진 정육면체의 2배의 부피를 가진 정육면체를 만들라」이다.

제3의 정육면체 문제에는 다음과 같이 에피소드가 전해진다.

옛날, 그리스의 델로스라는 곳에 한 사람의 왕이 있었다. 그런데 그의 아들인 왕자가 이상한 병에 걸려 어이없이 이 세상을 떠나 버렸다.

왕은 아주 슬퍼하여 죽은 왕자를 위해 훌륭한 묘를 세워 주었다.

그런데, 만들어진 묘를 보니 너무 작았으므로 더 큰 묘를 만들기로 했다.

그래서, 신하에게 명하여 만든 묘의 2배가 되는 부피의 묘를 만들게 했다.

즉시 신하들은 세로, 가로, 높이를 각각 2배로 하였더니 8배의 부피가 되어버렸다.

부피를 2배로 하려면 1변의 길이는 $\sqrt[3]{2}$배가 돼야 한다. 그래서, 그 무렵의 대수학자인 플라톤(Platon, B.C.429~B.C.347)에게 의존했다. 제자들은 말할 것도 없이 그가 답을 내놓을 것이라 생각했지만 끝내 올바른 해답은 얻어지지 않았다.

그 뒤 이 문제는, 그리스 전역 외에 이탈리아, 프랑스, 독일, 영국으로 국경을 넘어서 전 세계로 퍼져 나갔다. 세계 3대 난문 얘기가 나온 김에 아직 해결을 보지 못한 페르마의 대정리에 대해서 조금 얘기하겠다.

피에르 페르마(Pierre de Fermat, 1601~1665)는 프랑스의 툴루즈 근처에서 피혁 상인의 아들로 태어났다.

그는 학교에 가지 않고 가정에서 교육을 받았다.

1631년에 30살 때, 그 지방의 지방의회 의원으로 선출되고, 그 후 성실한 의원으로 활약하여 그 지방을 위해서 힘을 썼다.

그는 여가를 이용하여 취미로 수학을 연구하였으므로, 자기 연구를 발표하지 않았다.

그래서, 그가 죽은 뒤에 출판된 그의 편지나 수기를 통하여 대중에게 공표된 것이 「페르마의 대정리(페르마의 마지막 정리)」이다.

피에르 페르마(1601~1665)

그것은 「$n$을 2보다 큰($n > 2$) 양의 정수로 할 때, $x^n + y^n = z^n$을 만족할 만한 양의 정수의 짝 $(x, y, z)$은 존재하지 않는다는 증명은 할 수 있었으나 이 여백은 그 증명을 써넣기에는 너무 좁다」라고 그가 읽었던 알렉산드리아 시대의 수학자 디오판토스의 정수론(整數論)의 여백에 적은 것이 남아 있다.

이 문제도 세계 3대 난문(기하학)과 마찬가지로 그 후 350년 이상이나 오랫동안 세계의 수학자들이 그 문제와 맞닥뜨렸으나 아직 해결되지 않고 있다.

또한, 이 문제는 1908년 독일의 볼프스켈이라는 사람의 유언으로 2007년까지 이 증명을 완성한 사람에게 10만 마르크의 상금이 주어지게 되어 있다.

그러나, 이 마르크는 1919년 이전의 것이므로, 제1차 세계대전의 악성 인플레이션이나 그 후의 화폐 가치의 변동도 있어서 현재는 상금이라는 이름에 걸맞지 않는 적은 액수가 되었다.

그런데, 1988년 3월 18일자 일본 아사히(朝日)신문에 일본인으로서 이 문제의 해결에 맞닥뜨리고 있는 사람의 기사가 실렸으므로 간단히 소개한다.

그 사람은 현재, 독일의 막스 플랑크 수학 연구소에 있는 일본인 수학자로 도쿄(東京) 도립대학 조교수인 미야오카(宮岡洋一) 씨이다.

아직 완성된 것은 아니지만 상당히 진척된 것 같다. 조금 더 진척되면 완전한 것이 될지도 모르겠다.*

그런데, $x^n + y^n = z^n$은 $n = 2$인 때는,

$$x^2 + y^2 = z^2$$

가 되므로, 어쩐지 낯익은 등식이라는 생각이 난다.

그렇다. 이것은 너무도 유명한 「피타고라스의 정리」, 그것이다.

$n = 2$인 때는, 이 관계식을 만족시키는 정수는 무수히 많다. 우리가 알고 있는 것은 $3^2+4^2=5^2$, $5^2+12^2=13^2$, $7^2+24^2+=25^2$, $9^2+40^2=41^2$, $17^2+60^2=61^2$, …… 등 많이 있다.

그런데, 페르마는 정수론(整數論) 외에도 데카르트와는 다른 해석기하학(좌표를 사용한 기하학)도 발견했다.

또한 미적분의 개념도 뉴턴이나 라이프니츠와는 별도로 독자적으로 생각해 냈던 것 같다. 이런 사실에서 프랑스 사람들은 페르마야말로 미적분학의 발견자라고 하고 있다.

얘기가 조금 빗나가지만, 미적분학은 영국의 뉴턴(Sir Isaac Newton, 1642~1727)과 독일의 라이프니츠(Gottfried Wilhelm Leibniz, 1647~1716)가 거의 동시에 따로따로 연구·발표한 것인데 독일과 영국은 그전부터 사이가 나빠서 이 선두 다툼 문제도 오랫동안 재판에 걸

---

* 1997년 영국의 수학자 앤드루 와일스(Sir Andrew John Wiles, 1953~)가 페르마의 대정리를 증명하고 상금을 받았다.

려 있었는데 판결은 나지 않았다.

현재는 이 두 사람이 같은 무렵에 같은 것을 연구하였으므로, 오늘날의 미적분학이 완성되었다고 생각하고 있다.

그러나, 현재 사용되고 있는 미적분의 기호는 대부분 라이프니츠가 고안한 것이다.

뉴턴(1642~1727)

일본의 에도(江戶)시대의 수학자 세키 다카카즈(關孝和)도 같은 무렵에 같은 생각으로 원의 넓이를 구했다고 한다.

얘기를 본론으로 되돌려, 원적 문제는 불능이라는 증명이 명백해졌는데, 그 당시의 수학자는 이 문제는 가능하다고 믿고 여러 가지 방법을 시도했다.

그중에, 지금으로부터 2,400년쯤 전의 사람으로 소피스트 학파의 한 사람인 안티폰이라는 사람이 있었다.

그는 반지름 1인 원에 내접하는 정사각형의 넓이를 구하고, 다음에 이들의 변의 수를 2배로 한 정8각형, 다시 변의 수를 2배로 한 정16각형, 이어 정32각형, 정64각형으로 순차적으로 변의 수를 2배로 하여 그 넓이를 구하고, 계속 정128각형의 둘레의 길이와 그 넓이를 구했다고 한다.

그는 차례차례로 이 방법을 계속해 가면 원의 넓이나 원주의 길이를 구할 수 있다고 믿었다.

한편, 프리손이라는 수학자는 원에 외접하는 정사각형을 사용하여 그 넓이나 둘레의 길이를 계산하고 변의 수를 8, 16, 32, 64, ……로 점차 늘려가면서 그 다각형의 넓이와 둘레의 길이를 구해 갔다.

그래서, 다른 수학자는 이들 두 사람이 계산한 수치의 **평균**(산술 평균)을 잡으면 된다고 생각했다.

이 무렵, 고대 그리스의 대수학자·물리학자로서 유명한 아르키메데스가 다음과 같은 생각을 발표했다.

「원의 반지름을 높이로 하고 원주의 길이를 밑변으로 하는 삼각형을 만들면 이것이 원의 넓이와 같다」라는 것이다.

분명히 그대로이고 반지름 $r$인 원의 넓이는 $r \times 2\pi r \div 2 = \pi r^2$ 가 되어 원 넓이의 공식이 된다.

이것은 원둘레와 같은 길이의 밑변이라는 데서 「극한의 생각」이 들어 있다.

이런 데서 원주율 $\pi$ 계산이 갑자기 중요하게 되었다.

바꿔 말하면, 원주율 계산에 의해서 원주의 길이를 올바르게 낼 수 있으면 원의 넓이도 올바르게 계산할 수 있게 되는 것이다.

## ■ 1-5 아르키메데스의 원주율

여기에서 유명한 아르키메데스의 얘기를 조금 하겠다.

고대 그리스의 아르키메데스(Archimedes, B.C.287~B.C.212)는 수학이나 물리학을 연구하여 여러 가지를 발명·발견한 사람이다.

작은 힘으로 큰 물건을 움직일 수 있는 지레의 원리를 발견했다. 이 원리를 사용하여 큰 배를 움직이기도 하였다.

그는 '나에게 큰 지렛대와 받침점을 주면 지구라도 움직여 보이겠다'라 말했다고 한다.

또한, 비중의 이론을 사용하여 왕관이 순금(純金)이 아님을 증명한 얘기는 너무도 유명하다.

이것을 발견한 것은 그가 목욕통에 들어간 순간, 자기 몸이 가

벼워진 것을 알고 난 데서였는데, 그것을 발견한 그는 너무 기뻐서 알몸으로 뛰쳐나가 길거리를 뛰어다녔다고 한다.

다시 원에 대해서도 연구하여 원주의 길이와 원의 넓이를 구하는 공식을 발견하고 원주율 외 근삿값도 발견했다.

아르키메데스(B.C.287~B.C.212)

그는 기원전 3세기에 $\pi$의 근삿값은 $3+\dfrac{10}{71}<\pi<3+\dfrac{1}{7}$ 이라고

하여, $\pi \fallingdotseq \dfrac{211875}{67441} \fallingdotseq 3.14163$를 구했다.

그가 늙었을 때, 그 나라는 전쟁에 패배했다.

적국 병사가 그의 집에 쳐들어왔을 때, 그는 마루 위에 도형을 그리면서 연구하고 있었다. 그 도형을 적 병사가 밟았으므로 "그 도형을 밟지 마"라며 엉겁결에 외쳤기 때문에 살해되었다.

뒷날, 적국 국왕은 그 얘기를 듣고 "아까운 사람을 죽였다"라고 슬퍼했다고 한다.

### ■ 1-6 처음으로 원주율을 계산한 사람

정다각형을 원에 내접시키고 그 변수를 점차 크게 함으로써 원주의 길이를 계산하는 방법이 옛날부터 원주율의 계산에 사용되었다.

그리고, 원의 지름을 1이라고 하면, 원주가 그대로 원주율이 된다.

즉, $2\pi r = 2\pi \times \dfrac{1}{2} = \pi$ 이다.

이 방법으로 그리스의 대학자 아르키메데스는 원에 내접하는 정 6, 12, 24, 48각형의 둘레 길이를 계산하고, 끝으로 원에 내접하는 정96각형의 둘레를 계산하여 원주율은 $3\dfrac{10}{71}$ 보다 크다는 것을 발견했다.

정 6각형

다시 이어 원에 외접하는(각 변이 원에 접하는) 정96각형의 둘레를 계산하여 원주율은 $3\dfrac{1}{7}$ 보다 작다는 것을 발견했다.

정 12각형

따라서, 원주율은 $3\dfrac{10}{71}$ 보다 크고, 또한 $3\dfrac{1}{7}$ 보다 작다는 것이 알려졌다.

이것을 부등식으로 나타내면,

정 24각형

$$3\frac{10}{71} < (원주율) < 3\frac{1}{7}$$

이 된다.

소수로 나타내면

$$3.140845 \cdots\cdots < \pi < 3.142857 \cdots\cdots$$

이다. 이것은 앞에서도 설명했다.

그 후 여러 수학자가 같은 방법으로 원주율을 계산했다.

그러나 아르키메데스의 이 계산 결과로는 소수 제2자리까지밖에 올바르게 계산하지 못했기 때문에 원주율은 3.14가 되었다.

원에 내접, 또는 외접하는 정다각형의 둘레를 계산한 사람의 이름과 정다각형의 변수와 그에 의해서 얻어진 원주율의 올바른 값의 자릿수는 다음 표와 같다.

정다각형에 의한 $\pi$의 근삿값

| 계산한 사람 | 다각형의 변수 | 올바른 값 |
|---|---|---|
| 아르키메데스(B.C.287~B.C.212) | $6 \times 2^4$ | 3.14 |
| 피자노(1175~?) | $6 \times 2^4$ | 3.141 |
| 비에트(1540~1603) | $6 \times 2^{16}$ | 소수 10자리 |
| 로마누스(1561~1615) | $5 \times 2^{24}$ | 소수 15자리 |
| 루돌프(1540~1610) | $2^{62}$ | 소수 35자리 |

## ■ 1-7 원주율의 근삿값 $\frac{355}{113}$ 는 누가 발견했나?

유럽에서 가장 유명한 원주율의 근삿값은 $\frac{355}{113}$ 이다.

이것은 소수로 고치면 3.1415929……가 된다.

원주율의 근삿값은 3.14159265358932……이므로 소수 제6자리까지는 맞는다.

이것을 발견한 것은 아드리안 메티우스(1571~1635)라고 한다. 그런데 중국에서는 그보다 1000년이나 옛날에 조충지(祖沖之, 429~500)라는 유명한 수학자가 이미 발견했다고 한다. 또한 이 사람은 역학자(歷學者)로도 알려져 대명(大明) 6년(462)에 대명력(大明曆)을 만들어 처음으로 세차(歲差)를 채택했다.

## ■ 1-8 독일에서는 원주율은 루돌프 수라고 한다.

정다각형을 원에 내접 또는 외접시켜 원주율을 계산하는 방법으로 가장 좋은 값을 계산한 사람은 네덜란드의 루돌프(Ludolf van Ceulen, 1540~1610)라는 사람이다.

루돌프는 「반 콜렌」이라고도 하며 중국에서는 「고령(高靈)」이라고 불렸다.

루돌프는 1596년에 정60×2³³각형의 둘레를 계산하여 $\pi$의 근삿값을 소수 20자리까지 올바르게 계산했다고 한다.

또한, 그 뒤 1610년에 죽을 때까지 정 262각형의 둘레를 계산하여 소수 35자리까지도 올바르게 산출했다.

루돌프는 이것을 아주 자랑스럽게 생각하고, 유언하여 라이덴 시의 세인트 페틸 교회의 그의 묘석에 새기게 했다.

독일어로는 「루돌프 수(Ludolphsche Zahl)」라고 하면 원주율을 말한다. 루돌프 반 콜렌은 「루돌프 폰 컬렌」이라고도 부른다.

그는 1540년 1월 28일에 태어났다. 1610년 12월 31일(섣달 그믐날)에 죽을 때까지 그 생애를 원주율의 근삿값 계산에 바친 사람이다.

## ■ 1-9 중국에 전해진 루돌프 수

포교를 위해 중국을 찾은 천주교도 로(Jacgues Rho, 중국 이름 羅雅谷)가 만든 측량전의(測量全儀)에는 원주율의 근삿값이 소수 제20자리까지 적혀 있었다.

측량전의의 원주율은 누가 계산했는지 모르지만, 이보다 100년후에 출판된 『수리정온(數理精蘊)』에는 원에 내접하거나 외접하는 정60×2³³각형까지 한 변의 길이가 30자리씩 적혀 있는 것으로 보아 아마 루돌프의 계산이 얼마 후 중국에 전해진 것으로 생각된다.

특히, 원주율 20자리는 1596년에 루돌프가 계산한 뒤 금방 전해진 것 같다.

### ■ 1-10 일본의 원주율은 어떻게 되어 있었는가?

일본에 있어서의 원주율의 값은 3.2가 흔히 사용되었지만, 대체로 3.16이 많이 사용되었다.

1674년에 후루고오리 유키마사(古郡之政)는 $\frac{22}{7}$, $\frac{157}{50}$, $\frac{355}{113}$ 등을 썼는데, 1683년에 오쿠다 유에키(奥田有益)가 3.14, 같은 해에 이소무라 요시노리(磯村吉德)가 3.1416을 사용했다.

1696년에 후루고오리 카이(古郡解)가 3.14166136832를 사용했고, 1699년에 미야케 요시타카(三宅義隆)가 3.1415928를 사용했다.

세키 다카카즈
(1642~1708)

그런데, 일본에서 제일가는 화산가(和算家 : 일본수학자) 세키 다카카즈(關孝和)는 1712년에 원주율의 값을 3.14159265359보다 미약하다고 했다.

이 값은 소수 10자리까지는 올바르다[히라야마 아키라(平山諦) 지음 『원주율의 역사』에서].

그런데 일본에서는 원주율을 어떻게 나타내었는가.

한자권인 중국이나 일본에는 원주율의 기호는 없었지만 「원주율」「주율(周率)」「원주법(圓周法)」이라는 등 여러 가지가 있었다.

당시의 일본에는 소수의 표현이 없었기 때문에 원주율을 나타내는 데에 분수로 표현했다.

따라서, 「경률일(徑率一)」「원주삼일사(圓周三一四)」와 같이 세로쓰기로, 더욱이 한숫자(漢數字)로 나타냈다.

영어에는 원주율을 나타내는 말이 없었으므로, 그리스 문자 $\pi$의 발음을 사용하여 「파이(pi)」라고 한다.

### ■ 1-11 원주율 $\pi$의 어원은?

원주율의 기호로 현재는 세계에서 $\pi$를 사용하고 있다.

$\pi$의 어원은 「둘레」라는 그리스어 $\pi\varepsilon\rho\iota\varphi\eta\rho\acute{\eta}\varsigma$의 머리글자이다.

$\pi$를 기호로 처음으로 사용한 사람은 윌리엄 존스(William Jones, 1675~1749)인데, 이때는 「둘레(periphery)」라는 뜻으로 $\pi$를 사용하였다.

그 후, 요한 베르누이는 c, L. 오일러는 p(1734), c(1736), 골드바흐는 $\pi$(1742) 등을 원주율의 기호로 사용하였다.

그런데, 오일러가 그의 유명한 해석학 책 속에서 원주율 기호로 $\pi$를 사용하였으므로, 1748년 이후 일반적으로 $\pi$를 사용하게 되었다고 한다.

요한 베르누이
(1667~1748)

그런데 존스보다 일찍, 1647년에 원주율의 기호로 $\pi$를 오트레드(1575~1660)가 사용하였다거나, 밸

로가 처음으로 $\pi$를 사용하였다고도 전해진다.

$\pi$를 누가 처음 사용하였는가 하는 점에 대해서는 확실하지 않다.

## ■ 1-12 여러 사람에 의한 π값

앞에서도 얘기한 것처럼 기원전 2000년경, 바빌로니아에서는 $\pi = 3$, $\pi = 3\frac{1}{8}$, 이집트에서는 $\pi = 4 \times \left(\frac{8}{9}\right)^2$, 아르키메데스는 $3\frac{10}{71} < \pi < 3\frac{1}{7}$, 중국의 조충지(祖沖之)는 5, 6세기경에 $\frac{355}{113}$를 사용하였다고 하는데, 그 밖에도 $\pi$의 근삿값을 여러 가지로 생각했던 것 같다.

순번을 생각하지 않고 생각나는 대로 색다른 $\pi$의 근삿값을 소개한다.

먼저 린드 파피루스에 대해서 얘기한다.

이집트 나일강의 습지대에서 자라는 방동사니과의 식물에 높이가 2m쯤 되는 파피루스라는 식물이 있다. 그 줄기를 얇게 잘라서 이것을 가로세로로 겹쳐서 강하게 압축하여 현재의 종이와 같은 것을 만들었다. 이것이 파피루스이다.

여기에 쓰인 책 중에서 수학에 관한 유명한 것은 테메의 폐허에서 발견된 린드 파피루스(Rhind Papyrus)이다.

이것을, 1877년에 아이젠로르(Eisenlohr)라는 사람이 해독하였는데, 그 속에 원의 넓이 문제가 있었다. 그것으로부터 추측하면,

$$\pi = \frac{64}{81} \times 4 = \left(\frac{16}{9}\right)^2 = 3.16049 \cdots\cdots$$

가 되므로, 그때의 원주율은 3.16을 썼다.

모스크바의 미술관 박물관에 있는 파피루스 중에는 구(球)의 표면적 계산이 적힌 것이 있는데, 그것으로 판단하면,

$$\pi = \frac{16}{9} \times \frac{18}{9} \times 2 = \frac{256}{81} = 3.16649\cdots\cdots$$

가 되어 있는 것 같다. 이것도, 원주율은 3.16이 된다.

헤브라이의 원주율은 원의 넓이를 구하는 법이 문장으로 쓰여 있으므로, 그것으로부터 원주율의 값을 산출하면 $\frac{22}{7}$이 된다.

고대 그리스에는 유명한 수학자들이 있었지만, 원주율에는 그다지 관심을 나타내지 않았다.

천문학자 톨레미(프톨레마이오스, 87~165)가 계산한 것으로 추정되는 원주율의 값은 $\frac{211872}{67441} = 3.1415904\cdots\cdots$, 또는 $\frac{195882}{62351} = 3.1416015\cdots\cdots$이다.

이것은 아르키메데스로부터 300년 후의 원주율인데, 3.14에서 3.141로 겨우 1자리가 진전되었을 뿐이었다.

인도의 수학사가(數學史家) 다타는 1929년에 고대 인도(B.C.500~B.C.300)의 원주율은 $\pi = \sqrt{10} = 3.16227\cdots\cdots$이었던 것 같다고 말했다.

또한, 유명한 인도의 수학자 아리아바타(476?~550?)는 원주율을 $\pi = \frac{62832}{20000} = 3.1416$으로 계산한 기록이 오늘날에도 남아 있다고 한다.

이 값은 현재 중학교나 고등학교에서 사용하는 값과 같다.

아리아바타보다 훨씬 나중인 바스카라(1114~1185)는 원주율로써

$\pi = \dfrac{3927}{1250} = 3.1416,\ \dfrac{754}{240} = 3.141666 \cdots$의 두 종류를 사용한

것 같다.

또한, 아라비아의 수학자 알콰리즈미(780?~850?)는 $\pi = \dfrac{22}{7}$를

사용하였다.

아라비아 사람으로 원주율을 계산한 사람은 알 비루니(937~1039)

이다. 그는 원주율로서 $\pi = 3.141745 \cdots$를 사용하였는데, 소수

부분은 3자리만 맞았다.

또, 로마의 비트루비우스는 원주율로 $\pi = 3\dfrac{1}{8}$을 사용하였다.

# 제2장

## 미분·적분과 $\pi$의 전개 공식

## ■ 2-1 π의 자릿수를 늘리는 경쟁은 끝났다.

앞에서 얘기한 히라야마(平山) 박사의 책에 나온 아르키메데스에서 루돌프까지의 사이에, 즉 기원전 3세기에서 17세기까지에 약 20세기, 2,000년의 세월이 흐르고 π의 근삿값은 소수 제2자리에서 소수 제35자리까지 진척되었다.

거꾸로 생각하면, 2,000년 동안에 겨우 33자리만 진척되었을 뿐이다.

그런데, 그 밖의 수학자도 열심히 π의 자릿수를 늘리는 경쟁을 하였다.

예를 들면, 네덜란드의 수학자 아드리안 안소니스존(1527~1607)은 $\frac{355}{113}$ 이라는 값을 알아내고 소수 6자리까지 올바르게 계산하였으며, 같은 네덜란드의 아드리안판 루만은 1593년에 소수 9자리까지 정확한 값을 계산하였다.

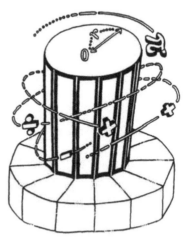

그는 아르키메데스와 마찬가지로 $2^{30}$변을 가진 정다각형을 써서 계산하였다. 그 3년 뒤인 1596년에 앞에서 얘기한 루돌프 반 콜렌은 소수 20자리까지 π의 값을 정확하게 계산하였다.

그는 네덜란드 사람으로서, 라이덴대학의 수학 교수이기도 하고, 또한 군사 과학 교수이기도 했다.

π의 계산은 진화한다

그가 죽은 뒤, 1615년에 그의 부인이 출판한 책 속에 π에 근삿값으로 소수 35자리까지 올바른 값이 실려 있었다.

그런데, 17세기에 들어서자 $\pi$값에 대해서 많은 무한급수나 연분수가 발견되어 $\pi$의 근삿값의 소수 자릿수는 급속히 늘어나서 정$m$각형의 변 길이 계산에 의한 경쟁은 종말을 고하게 되었다.

## ■ 2-2 $\pi$는 순환소수가 아니다?

이 일은 「No」라고 답을 내는 것이 빠르지만, 모는 소수의 자릿수가 많아지므로 순환소수가 되지 않을까 생각한 수학자도 있었던 것 같다.

만일 순환소수가 되면 2개의 정수(아무리 자릿수가 커도)의 비, 즉 분수로 나타낼 수 있을 것이라고도 생각했던 것이다.

그러나, $\pi$는 순환소수가 아니다. 그것은 유리수(有理數)가 아니라는 것을 알았으므로, $\pi$는 무리수라고 낙착되었다. 이 증명은 전문가에게 맡기기로 하자.

그런데, 최근에 와서 「$\pi$는 초월수(超越數)이다」라고 주장하는 사람도 나왔다.

초월수에 대해서는 뒤에서 조금 설명하겠지만 그 이론에 대해서는 전문서를 읽어야 한다.

## ■ 2-3 미분법이란 어떤 계산인가?

여러분은 미적분학에 대해서 알고 있겠지만 다짐하기 위해 간단히 설명해 두겠다.

영국의 뉴턴과 독일의 라이프니츠가 같은 무렵, 각각 별도로 생각해 냈다고 하며, 일본의 에도시대의 대표적 수학자 세키 다카카

32

즈도 그 개념에 대해서 알고 있었다고
한다.

라이프니츠
(1646~1716)

적분과 미분은 곡선에 둘러싸인 부분
의 넓이를 구하거나, 곡면에 둘러싸인 입
체의 부피를 구하기 위해서는 아주 편리
한 방법이다.

함수 $f(x)$에 있어서 $x$가 한없이 상
수 $a$에 가까워질 때, $f(x)$가 한없이 상
수 $\beta$에 가까워지면 이것을 극한 기호
$\lim$을 써서 $\lim_{x \to a} f(x) = \beta$로 나타낼 수
있다.

또한, 「$x \to a$인 때 $f(x) \to \beta$」로 나타내기도 한다.

그런데, $\lim_{x \to a} f(x) = \beta$가 성립할 때, 「$f(x)$는 $\beta$에 수렴된다」라
고 한다.

단, $\beta$는 유한 확정값이다.

또, 함수의 극한에 대해서는 다음 성질이 있다고 한다.

$$\lim_{x \to a} f(x) = \beta, \qquad \lim_{x \to a} g(x) = \gamma$$

에 있어서

i)  $\lim_{x \to a} k f(x) = k \lim_{x \to a} f(x) = k\beta$  (단, $k$는 상수)

ii) $\lim_{x \to a} \{ f(x) \pm g(x) \} = \lim_{x \to a} f(x) \pm \lim_{x \to a} g(x) = \beta \pm \gamma$

(복호 동순)

iii) $\quad \lim_{x \to a} \{f(x) \cdot g(x)\} = \lim_{x \to a} f(x) \cdot \lim_{x \to a} g(x) = \beta \cdot \gamma$

iv) $\quad \lim_{x \to a} \dfrac{f(x)}{g(x)} = \dfrac{\lim\limits_{x \to a} f(x)}{\lim\limits_{x \to a} g(x)} = \dfrac{\beta}{\gamma} \qquad$ (단, $\gamma \neq 0$)

함수 $f(x)$가 $x = a$에서 정의되고, 또한 $\lim\limits_{x \to a} f(x) = f(a)$인 때, 「$f(x)$는 $a$에서 연속이다」라고 한다.

또한, 함수 $f(x)$에서 $x$의 값이 $a$에서 $b$까지 변화할 때, $x$의 변화량 $b - a$에 대한 $y$의 변화량 $f(b) - f(a)$의 비율 $\dfrac{f(b) - f(a)}{b - a}$ 를 「$x$가 $a$에서 $b$까지 변화할 때의 함수 $y = f(x)$의 평균변화율」 이라고 한다.

함수 $y = f(x)$의 정의역에서 실수 $a$를 잡고, $a$를 기준으로 하는 $x$의 증분 $\Delta x = x - a$에 대해서 $y$의 증분 $\Delta y = f(x) - f(a) = f(a + \Delta x) - f(a)$를 생각한다. $\lim\limits_{\Delta x \to 0} = 0$인 때, 함수 $y = f(x)$는 $x = a$에서 연속이고, 또 극한값 $\lim\limits_{\Delta x \to 0} \dfrac{\Delta y}{\Delta x}$ 가 존재할 때 「함수 $y = f(x)$는 $x = a$에 있어서 미분 가능하다」라고 한다.

극한값 $\lim\limits_{\Delta x \to 0} \dfrac{\Delta y}{\Delta x}$ 를 「$x = a$에 있어서 $f(x)$의 미분 계수」로 잡고 $f'(a)$로 나타낸다.

이것을 식으로 쓰면 다음과 같이 된다.

$$f'(a) = \lim_{\Delta x \to 0} \frac{\Delta y}{\Delta x} = \lim_{\Delta x \to 0} \frac{f(a + \Delta x) - f(a)}{\Delta x}$$

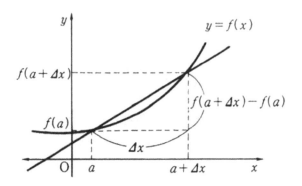

함수 $f(x)$가 $x=a$에서 미분 가능하면, 「함수 $f(x)$는 $x=a$에서 연속이다」라고 한다.

그러나, 역은 반드시 성립하지 않는다. 왜냐하면, 연속이라도 미분 가능하지 않을 때가 있기 때문이다.

그것은 곡선은 급하게 꺾인 경우가 있기 때문이다.

의 여러 가지 값 $a$에서 $f'(a)$를 대응시키는 함수를 $f'(x)$로 나타내어 이것을 「$f(x)$의 도함수」라고 한다.

함수 $f(x)$의 도함수 $f'(x)$를 구하는 것을 「함수 $f(x)$를 미분한다」라고 한다.

그런데, 미분의 계산 공식에는 다음과 같은 것이 있다.

i) $f'(x) = \lim\limits_{\Delta x \to 0} \dfrac{\Delta y}{\Delta x} = \lim\limits_{\Delta x \to 0} \dfrac{f(x+\Delta x)-f(x)}{\Delta x}$　　(정의)

ii) $y = x^n \Rightarrow y' = \left(x^n\right)' = nx^{n-1}$

iii) $c$를 상수로 했을 때, $y = c \Rightarrow y' = (c)' = 0$

iv) $\{f(x) \pm g(x)\}' = f'(x) \pm g'(x)$　　(복호 동순)

v) $\{f(x) \cdot g(x)\}' = f'(x) \cdot g(x) + g'(x) \cdot f(x)$

vi) $\left\{\dfrac{f(x)}{g(x)}\right\}' = \dfrac{f'(x) \cdot g(x) - g'(x) \cdot f(x)}{\{g(x)\}^2}$   (단, $g(x) \neq 0$)

함수 $f(x)$의 도함수는 $f'(x)$로 나타냈는데, 여기서 $f'(x)$를 하나의 함수로 보았으므로 $f'(x)$의 도함수도 있을 것이다.

이것을 $f''(x)$로 나타내어 「$f(x)$의 제2차 도함수」라고 한다.

또한, $f''(x)$의 도함수를 생각하여 $f'''(x)$로 나타내어, 이것을 「$f(x)$의 제3차 도함수」라고 한다.

이렇게 제$n$차 도함수를 차례차례로 생각할 수 있다.

여기에서 제2차 도함수, 제3차 도함수, ……, 제$n$차 도함수를 「고차도함수」라고 한다.

## ■ 2-4 적분법이란 어떤 것인가?

$x$의 함수 $F(x)$의 도함수가 $f(x)$인 때, 즉, $F'(x) = f(x)$인 때, $F(x)$를 $f(x)$의 「부정적분」이라고 한다. 또, 「원시함수」라고 하는 경우도 있다.

$F(x)$가 $f(x)$의 하나의 부정적분(원시함수)이라는 것을 $F(x)$ $= \displaystyle\int f(x)dx$로 나타낸다.

$\displaystyle\int$ 를 「적분 기호」라고 하며 「인티그럴」이라고 부른다.

이것은 영어의 sum(합)의 머리 문자 S를 위아래로 늘린 모양이며, 독일의 라이프니츠가 생각한 기호라고 하는데, 사실은 어떤지 모른다. 혹시 오일러가 생각해 낸 것인지도 모른다.

적분 정의를 식으로 나타내면 다음과 같이 된다.

i) $F(x) = \displaystyle\int f(x)dx \Leftrightarrow F'(x) = f(x)$

ii) $\dfrac{d}{dx} \displaystyle\int f(x)dx = f(x)$

그런데, $F(x)$의 도함수는 $f(x)$뿐이므로, 미분의 약속으로 상수 $C$의 도함수는 0이므로, $f(x)$의 부정적분(원시함수)은 무수히 많다.

그 때문에, 적분상수 $C$를 붙여서 부정적분을 나타내기로 하고 있다.

어떤 구간에서 함수를 생각할 때, $F(x)$가 $f(x)$의 하나의 부정적분이면 $f(x)$의 부정적분은 다음과 같이 나타낼 수 있다.

$$\int f(x)dx = F(x) + C \qquad \text{(단, } C \text{는 적분상수)}$$

그래서, $f(x)$의 부정적분을 구하는 것을 「함수 $f(x)$를 적분한다」라고 한다.

적분법에는 다음 성질이 있다.

i) $\displaystyle\int x^n dx = \dfrac{x^{n+1}}{n+1} + C \qquad$ (단, $n \neq -1$)

ii) $x^{-1}dx = \displaystyle\int \dfrac{dx}{x} = \log|x| + C \ (\log|x| = \log_e|x|)$

iii) $\displaystyle\int kf(x)dx = k \int f(x)dx \qquad$ (단, $k$는 상수)

iv) $\displaystyle\int \{f(x) \pm g(x)\}dx = \int f(x)dx \pm \int g(x)dx \qquad$ (복호 동순)

그 밖에도, 여러 가지 성질이 있는데, $\pi$와 관계가 없으므로 생략한다.

## ■ 2-5 정적분과 그 응용

부정적분에 의하면 $F'(x) = f(x)$인 때,

$$\int f(x)dx = F(x) + C \qquad (C는\ 적분상수)$$

로 되어 있었다.

그런데 상수 $a$, $b$를 써서 $\int_a^b f(x)dx$의 형태로 나타낸 것을 「정적분」이라고 한다.

또한, 「$a$를 하단, $b$를 상단」이라고 한다.

그런데 $\int_a^b f(x)dx = F(b) - F(a)$의 관계에 있다는 것은 잘 알려진 사실이다.

원래, 곡선에 둘러싸인 부분의 넓이나 곡면에 둘러싸인 부분의 부피를 구하기 위하여 미분을 발견하여 정적분의 발견에 도달하게 된 것이므로, 넓이·부피의 계산이 원래의 목표이다.

그러면, 정적분을 써서 넓이나 부피를 구해 보자.

그렇다고 해도, 여기에서는 $\pi$에 관계가 있는 것만 다루기로 하겠지만…….

순서를 바꾸어서 알기 쉬운 것부터 설명한다.

처음에, 곡선 $y = f(x)$를 $x$축 주위로 회전하였을 때 생기는 회전체의 부피를 구해 보자.

다음 그림과 같이, $x = x_1$에 있어서 회전체의 단면은 원이므로, 그 넓이 드는 단면의 반지름

$$y_1 = f(x_1)$$

를 써서

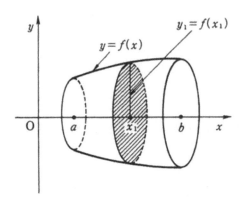

$$S = \pi y_1^2 = \pi \{f(x_1)\}^2$$

가 된다.

따라서, 부피는 $S$를 $a$에서 $b$까지 정적분하면 구할 수 있다. 이런 사실에서부터 부피 $V$는 아래와 같이 된다.

$$V = \pi \int_a^b y^2 dx = \pi \int_a^b \{(f(x))\}^2 dx$$

여기에서도 $\pi$가 사용되고 있다.

그럼, 나중에 설명하는 부피의 계산법이 올바른지 어떤지 정적분을 사용하여 생각해 보자.

먼저, 처음에 밑면의 반지름 $r = 3$(㎝), 높이 $h = 6$(㎝)의 원뿔(직원뿔)의 부피 $V$는 어떻게 계산할 수 있을까.

그림의 원뿔을 회전체라고 생각하여,

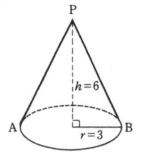

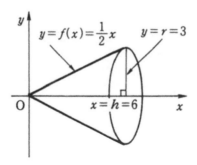

위 그림과 같이 좌표축을 정하면, 아래와 같이 계산할 수 있다.

$$V = \pi \int_0^6 y^2 dx = \pi \int_0^6 \left(\frac{x}{2}\right)^2 dx = \frac{\pi}{4} \int_0^6 x^2 dx = \frac{\pi}{4}\left[\frac{x^3}{3}\right]_0^6$$

$$= \frac{\pi}{4}\left(\frac{6^3}{3} - 0\right) = \frac{\pi}{4} \times 6 \times 6 \times 2 = 18\pi \, (\text{cm}^3)$$

이 답은 초등학생이나 중학생도 아는 공식을 써서

$$V = \frac{1}{3} \times \pi \times 3^2 \times 6 = 18\pi (\text{cm}^3)$$

와 같이 되어 있다.

여기에서도 $\pi$가 사용되고 있다.

다음에는 다음 그림과 같은 물통의 부피를 계산해 보자.

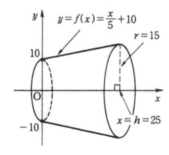

좌표축을 위의 오른쪽 그림과 같이 정하면,

$$y = \frac{15-10}{25}x + 10 = \frac{5}{25}x + 10 = \frac{x}{5} + 10$$

가 되므로, 부피 $V$는

$$\begin{aligned}
V &= \pi \int_0^{25}\left(\frac{x}{5}+10\right)^2 dx = \frac{\pi}{25}\int_0^{25}(x+50)^2 dx \\
&= \frac{\pi}{25}\int_0^{25}(x^2+100x+2500)dx \\
&= \frac{\pi}{25}\left[\frac{x^3}{3}+50x^2+2500x\right]_0^{25} \\
&= \frac{\pi}{25}\left(\frac{25^3}{3}+50\times25^2+2500\times25\right) \\
&= \pi\left(\frac{25^2}{3}+50\times25+2500\right)=\pi\left(\frac{625}{3}+1250+2500\right) \\
&= \pi\left(208+\frac{1}{3}+3750\right)=3958\frac{1}{3}\pi\,(\text{cm}^3)
\end{aligned}$$

이 계산은 올바른데, 다른 계산법으로 답을 구하는 것은 조금 까다롭다.

물통의 모양을 펴서 큰 원뿔을 생각하여, 그 부피로부터 물통을 제외한 작은 원뿔의 부피를 빼면 물통의 부피를 계산할 수 있다.

비례 계산이 필요하게 되는데, 그다지 어렵지 않으니 계산해 보자.

어쨌든 여기에도 $\pi$가 사용되

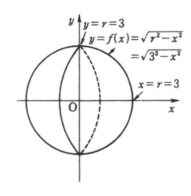

고 있다.

다음에 반지름 3㎝의 구(球)를 구해 보자. 좌표축을 오른쪽 그림과 같이 정하면, 부피 $V$는

$$V = 2\pi \int_0^3 y^2 \, dx$$
$$= 2\pi \int_0^3 (3^2 - x^2) \, dx$$
$$= 2\pi \int_0^3 (9 - x^2) \, dx$$
$$= 2\pi \left[ 9x - \frac{x^3}{3} \right]_0^3 = 2\pi \left( 9 \times 3 - \frac{3^3}{3} \right)$$
$$= 2\pi (27 - 9) = 2\pi \times 18$$
$$= 36\pi \, (\text{cm}^3)$$

이것은 초등학생이라도 구의 부피로부터

$$V = \frac{4}{3} \pi \times 3^3 = 4 \times 9\pi = 36\pi (\text{cm}^3)$$

인 것을 알 수 있다.

조금 어렵지만 타원을 그 축 주위로 회전하였을 때 생기는 회전 타원체(타원체 또는 타원면이라고도 한다)의 부피를 계산해 보자.

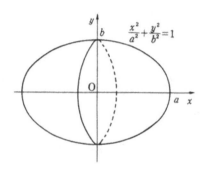

타원 $\dfrac{x^2}{a^2}+\dfrac{y^2}{b^2}=1$의 좌표축은 위 그림과 같이 된다. 방정식을

변형하면,

$$y^2 = \dfrac{b^2}{a^2}(a^2 - x^2)$$

가 되므로 부피 $V$는

$$
\begin{aligned}
V &= 2\pi \int_0^a y^2 dx = 2\pi \dfrac{b^2}{a^2} \int_0^a (a^2 - x^2) dx \\
&= \dfrac{2\pi b^2}{a^2} \left[ a^2 x - \dfrac{x^3}{3} \right]_0^a = \dfrac{2\pi b^2}{a^2} \left( a^3 - \dfrac{a^3}{3} \right) \\
&= 2\pi b^2 \times \dfrac{2a}{3} \\
&= \dfrac{4}{3} \pi a b^2
\end{aligned}
$$

이것은 중학생 수준의 공식으로는 풀 수 없다. 그러나 $\pi$가 들어가 있다.

더 앞으로 나아가서 변한 회전체의 부피를 계산해 보자. 다음의 왼쪽 그림을 보기 바란다.

포물선 $y^2 = 4px$를 $x$축 주위로 회전하였을 때 생기는 회전 포물면(회전 포물선체)의 부피 $V$는

$$
\begin{aligned}
V &= \pi \int_a^b y^2 dx = 4p\pi \int_a^b x dx = 4p\pi \left[ \dfrac{x^2}{2} \right]_a^b = 2p\pi [x^2]_a^b \\
&= 2p\pi (b^2 - a^2) \ (단, \ p, \ a, \ b는 \ 상수)
\end{aligned}
$$

(ex.) $y^2 = 4x$ $[0, 4]$를 $x$축 주위로 회전하였을 때 생기는 회전

체의 부피를 구해 보자(오른쪽 그림).

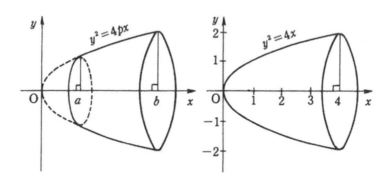

(해) 부피 $V$는

$$V = 4\pi \int_0^4 x\,dx = 4\pi \left[ \frac{x^2}{2} \right]_0^4 = 2\pi \left[ x^2 \right]_0^4$$
$$= 2\pi(4^2 - 0^2) = 2 \times 16 \times \pi = 32\pi$$

이어 쌍곡선 $\dfrac{x^2}{a^2} - \dfrac{y^2}{b^2} = 1$을 $x$축 주위로 회전하여 생기는 회

전체를 「이엽 쌍곡면(이엽 쌍곡선체)」이라고 한다(다음 페이지의 왼

쪽 그림).

　이 부피 $V$는 다음과 같이 구할 수 있다. 먼저, 주어진 방정식

을 $y^2$에 대해서 풀어서 변형하면

$$\frac{y^2}{b^2} = \frac{x^2}{a^2} - 1 \text{에서} \quad y^2 = b^2\left( \frac{x^2}{a^2} - 1 \right), \quad y^2 = \frac{b^2}{a^2}(x^2 - a^2)$$

그러므로,

$$V = \pi \int_{a}^{\beta} y^2 dx = \frac{b^2 \pi}{a^2} \int_{a}^{\beta} (x^2 - a^2) dx$$

$$= \frac{b^2 \pi}{a^2} \left[ \frac{x^3}{3} - a^2 x \right]_{a}^{\beta} = \frac{b^2 \pi}{a^2} \left\{ \frac{\beta^3}{3} - a^2 \beta - \left( \frac{a^3}{3} - a^2 a \right) \right\}$$

$$= \frac{b^2 \pi}{a^2} \left\{ \frac{1}{3} (\beta^3 - a^3) - a^2 (\beta - a) \right\}$$

$$= \frac{b^2 (\beta - a)}{3a^2} (a^2 + a\beta + \beta^2 - 3a^2) \pi$$

단, $a$, $b$, $a$, $\beta$는 상수, $a < a < \beta$이다.

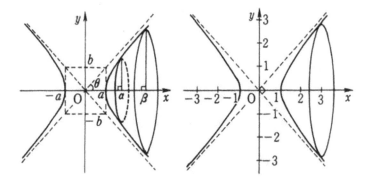

(ex.) 쌍곡선 $x^2 - y^2 = 1$ [1, 3]을 $x$축 주위로 회전시켜 생기는 회전체의 부피를 구해 보자(위의 오른쪽 그림).

(해) 부피를 $V$라고 하면,

$$V = \pi \int_{1}^{3} (x^2 - 1) dx = \pi \left[ \frac{x^3}{3} - x \right]_{1}^{3}$$

$$= \pi \left\{ \frac{3^3}{3} - 3 - \left( \frac{1}{3} - 1 \right) \right\} = \pi \left( 9 - 3 - \frac{1}{3} + 1 \right)$$

$$= \pi \left( 7 - \frac{1}{3} \right) = 6 \frac{2}{3} \pi \left( = \frac{20\pi}{3} \right)$$

또, 쌍곡선 $\dfrac{x^2}{a^2}-\dfrac{y^2}{b^2}=1$를 $y$축 주위로

회전시켜 생기는 회전체를 「일엽 쌍곡면

(일엽 쌍곡선체)」이라고 한다(오른쪽 그림).

이 부피 $V$는 다음과 같이 구할 수 있

다.

주어진 식을 변형하여 $\dfrac{x^2}{a^2}=\dfrac{y^2}{b^2}+1$로

부터

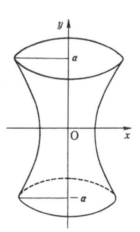

$$x^2=a^2\left(\frac{y^2}{b^2}+1\right)=\frac{a^2}{b^2}(y^2+b^2)$$

$$V=\pi\int_{-a}^{a}x^2dy=\frac{a^2\pi}{b^2}\int_{-a}^{a}(y^2+b^2)dy$$

$$=\frac{2a^2\pi}{b^2}\int_{0}^{a}(y^2+b^2)dy=\frac{2a^2\pi}{b^2}\left[\frac{y^3}{3}+b^2y\right]_{0}^{a}$$

$$=\frac{2a^2\pi}{b^2}\left(\frac{a^3}{3}+b^2a\right)$$

(ex.) 쌍곡선 $x^2-y^2=1$, $-2\leq y\leq2$를 $y$축 주위로 회전시

켜 생기는 회전체의 부피를 구해 보자.

(해) 부피 $V$는

$$V=\pi\int_{-2}^{2}(y^2+1)dy$$

$$=2\pi\int_{0}^{2}(y^2+1)dy=2\pi\left[\frac{y^3}{3}+y\right]_{0}^{2}=2\pi\left(\frac{2^3}{3}+2\right)$$

$$=2\pi\left(\frac{8}{3}+2\right)=\pi\left(\frac{16}{3}+4\right)=\frac{28}{3}\pi\left(=9\frac{1}{3}\pi\right)$$

이것 또한, 조금 어려울지 모르 겠으나, 원의 넓이를 적분을 구하 여 반지름 $r$의 원넓이 $S$가 $S=\pi r^2$ 가 되는지 어떤지를 알아보자.

좌표축을 오른쪽 그림과 같이 잡 으면 넓이 $S$는 정적분에 의하여

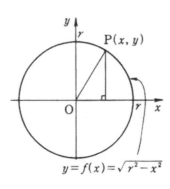

$$y=f(x)=\sqrt{r^2-x^2}$$

$$S=4\int_0^r \sqrt{r^2-x^2}\,dx$$

가 된다.

여기서 $x=r\sin\theta$라고 놓으면, $dx=r\cos\theta d\theta$이다. 따라서, $x=0$ 인 때 $\theta=0$, $x=r$인 때 $\theta=\dfrac{\pi}{2}$이다.

다시

$$r^2-x^2=r^2-r^2\sin^2\theta=r^2(1-\sin^2\theta)=r^2\cos^2\theta$$

그리하여

$$\sqrt{r^2-x^2}=\sqrt{r^2\cos^2\theta}=r\cos\theta$$

이것에서부터

$$S=4\int_0^r \sqrt{r^2-x^2}\,dx=4\int_0^{\frac{\pi}{2}} r\cos\theta \cdot r\cos\theta d\theta$$

$$=4r^2\int_0^{\frac{\pi}{2}}\cos^2\theta d\theta=4r^2\int_0^{\frac{\pi}{2}}\frac{1+\cos2\theta}{2}d\theta$$

$$=2r^2\int_0^{\frac{\pi}{2}}(1+\cos2\theta)d\theta=2r^2\left[\theta+\frac{\sin2\theta}{2}\right]_0^{\frac{\pi}{2}}$$

$$= 2r^2\left(\frac{\pi}{2}+\frac{\sin\pi}{2}\right)= 2r^2\left(\frac{\pi}{2}+0\right)= \pi r^2$$

분명히 초등학생이나 중학생도 알고 있는 원의 넓이를 구하는 공식

(원의 넓이)=(원주율)×(반지름)$^2$

가 되고 여기에도 $\pi$가 들어가 있다.

다음에는, 타원의 넓이를 구해 보자. 타원의 방정식 $\frac{x^2}{a^2}+\frac{y^2}{b^2}= 1$(아래 그림)로부터

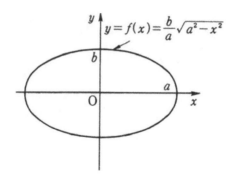

$$y = f(x) =\pm\frac{b}{a}\sqrt{a^2 - x^2}$$

가 된다. 그래서 넓이 $S$는

$$S=\frac{4b}{a}\int_0^a\sqrt{a^2 - x^2}\,dx$$

원의 넓이와 마찬가지로 $x = a\sin\theta$라고 놓으면, $dx = a\cos\theta d\theta$,

$x = 0$인 때, $\theta = 0$, $x = a$인 때 $\theta = \dfrac{\pi}{2}$ 이다.

또한, $a^2 - x^2 = a^2 - a^2 \sin^2\theta = a^2(1 - \sin^2\theta) = a^2 \cos^2\theta$

그래서 $\sqrt{a^2 - x^2} = \sqrt{a^2 \cos^2\theta} = a\cos\theta$

가 되는 데서, 타원의 넓이 $S$는

$$
\begin{aligned}
S &= \frac{4b}{a} \int_0^a \sqrt{a^2 - x^2}\, dx = \frac{4b}{a} \int_0^{\frac{\pi}{2}} a\cos\theta \cdot a\cos\theta\, d\theta \\
&= 4ab \int_0^{\frac{\pi}{2}} \frac{1 + \cos 2\theta}{2}\, d\theta \\
&= 2ab \int_0^{\frac{\pi}{2}} (1 + \cos 2\theta)\, d\theta = 2ab \left[ \theta + \frac{\sin 2\theta}{2} \right]_0^{\frac{\pi}{2}} \\
&= 2ab \left( \frac{\pi}{2} + \frac{\sin\pi}{2} \right) = 2ab \left( \frac{\pi}{2} + 0 \right) = \pi ab
\end{aligned}
$$

가 되어 긴 반지름 $a$, 짧은 반지름 $b$의 타원의 넓이는 $\pi ab$로 간단하게 구할 수 있다.

이 식에도 $\pi$가 들어 있다.

여기서 조금 별난 곡선에서 넓이를 구해 보자. 여러분은 「사이클로이드(cycloid)」라는 곡선을 알고 있는가?

그런데, 바퀴 위의 한 점 P가 바퀴의 회전운동에 따라서 어떤 운동을 하는지 생각한 적이 있는가? 밤에 자전거의 타이어에 파일럿 램프를 달고 자전거를 달리게 하면 빛의 궤적이 생긴다. 이 바퀴 위의 한 점이 나타내는 곡선을 「사이클로이드」라고 한다.

이 곡선은 앞 페이지의 그림과 같이 타원과 비슷하지만, 타원과는 다르므로 주의해야 한다.

여기서 $0 \sim 2\pi r$까지의 사이클로이드와 축 사이에 끼어있는 넓

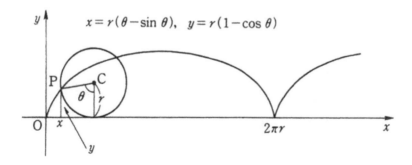

$$x = r(\theta - \sin\theta), \quad y = r(1 - \cos\theta)$$

이를 계산해 보자.

이 곡선은 바퀴 위의 점 $P(x, y)$의 운동을 다음과 같이 회전각 $\theta$를 사용하여 나타낼 수 있으므로 바퀴의 반지름을 $r$이라고 하면

$$x = r(\theta - \sin\theta), \quad y = r(1 - \cos\theta) \quad (r > 0)$$

이 된다.

$dx = r(1 - \cos\theta)d\theta$가 되고, $0 \leq x \leq 2\pi r$ 사이에서는 $y \geq 0$가 되므로 사이클로이드와 $x$축 사이의 넓이 $S$는

$$
\begin{aligned}
S &= \int_0^{2\pi r} y\,dx = \int_0^{2\pi} r(1 - \cos\theta) \cdot r(1 - \cos\theta)d\theta \\
&= r^2 \int_0^{2\pi} (1 - \cos\theta)^2 d\theta = r^2 \int_0^{2\pi} (1 - 2\cos\theta + \cos^2\theta)d\theta \\
&= r^2 \int_0^{2\pi} \left(1 - 2\cos\theta + \frac{1 + \cos 2\theta}{2}\right)d\theta \\
&= r^2 \int_0^{2\pi} \left(\frac{3}{2} - 2\cos\theta + \frac{\cos 2\theta}{2}\right)d\theta \\
&= r^2 \left[\frac{3}{2}\theta - 2\sin\theta + \frac{\sin 2\theta}{4}\right]_0^{2\pi} \\
&= r^2 \left(\frac{3}{2} \times 2\pi - 2\sin 2\pi + \frac{\sin 4\pi}{4}\right)
\end{aligned}
$$

$$= r^2(3\pi - 0 + 0)$$
$$= 3\pi r^2$$

가 되어 이 값에도 $\pi$가 존재한다.

이상의 사실에서 곡선에 둘러싸인 넓이나 곡면에 둘러싸인 부피에는 반드시 $\pi$가 필요하게 된다.

### ■ 2-6 테일러의 전개 공식이란 어떤 식인가?

$\pi$의 전개 공식에 들어가기 전에, 먼저 유명한 테일러의 전개 공식에 대하여 간단히 설명한다.

조금 어려울지 모르겠지만 3개의 정리가 있다.

「$f(x), f'(x), f''(x), \cdots, f^{(n-1)}(x)$는 폐구간 $[a, b]$에서 연속이며, $f^{(n)}(x)$가 개구간 $(a, b)$로 존재하면

$$f(b) = f(a) + (b-a)f'(a) + \frac{(b-a)^2}{2!}f''(a) + \cdots\cdots$$
$$\cdots\cdots + \frac{(b-a)^{n-1}}{(n-1)!}f^{(n-1)}(a) + R_n$$

단, $R_n \frac{=(b-a)^n}{n!}f^{(n)}(A + \theta(b-a)) \quad (0 < \theta < 1)$

이 되는 $\theta$가 존재한다.」 이것이 테일러의 정리( I )이다.

여기에 나타낸 기호 $[a, b]$는 $a \leq x \leq b$를 나타내며, $(a, b)$는 $a < x < b$를 나타낸다.

또 $f^{(n)}(a)$는 $f(x)$를 $n$회 미분하여 $x = a$를 대입한 것을 나타낸다.

또한 기호 $n!$는 $n! = n(n-1)\cdots\cdots 3 \cdot 2 \cdot 1$를 나타내는 기호이며 「$n$의 계승」 또는 「$n$ 계승」이라고 한다.

이 테일러의 정리(I)는 다음과 같이 나타낼 수도 있다.

$$f(x) = f(a) + \frac{f'(a)}{1!}(x-a) + \frac{f''(a)}{2!}(x-a)^2 + \cdots\cdots$$
$$\cdots\cdots + \frac{f^{(n-1)}(a)}{(n-1)!}(x-a)^{n-1} + R_n$$

단, $x$와 $a$의 대소는 묻지 않는다. 또한,

$$R_n = \frac{(x-a)^n}{n!} f^{(n)}(a + \theta(x-a)) \qquad (0 < \theta < 1)$$

이것이 테일러의 정리(II)가 된다.

다시 이 정리는 다음과 같이 적을 수도 있다.

$$f(x+a) = f(a) + \frac{f'(a)}{1!}x + \frac{f''(a)}{2!}x^2 + \cdots\cdots$$
$$\cdots\cdots + \frac{f^{(n-1)}(a)}{(n-1)!}x^{n-1} + R_n$$

단, $x$와 $a$의 대소는 묻지 않는다. 더욱이,

$$R_n = \frac{x^n}{n!} f^{(n)}(a + \theta x) \qquad (0 < \theta < 1)$$

이것이 테일러의 정리(III)이다.

## ■ 2-7 테일러 급수, 매클로린 급수

앞에서 설명한 테일러의 전개식에서 $\lim_{n \to \infty} R_n = 0$의 조건을 만족할 때, 함수 $f(x)$는 다음과 같은 급수가 된다.

$$f(x) = \sum_{n=0}^{\infty} \frac{f^{(n)}(a)}{n!}(x-a)^n$$

이것은 $(x-a)$의 멱급수로 나타낸 것이 된다. 이것은 「테일러의 급수」라고 한다. 좀 더 알기 쉽게 적으려면 다음과 같은 급수가 된다.

$$f(x) = \frac{f(a)}{0!}(x-a)^0 + \frac{f'(a)}{1!}(x-a)^1$$
$$+ \frac{f''(a)}{2!}(x-a)^2 + \frac{f'''(a)}{3!}(x-a)^3 + \cdots\cdots$$

더 쉽게 적으면 $0! = 1$, $(x-a)^0 = 1$로 정해져 있으므로,

$$f(x) = f(a) + f'(a) \cdot (x-a) + \frac{1}{2}f''(a) \cdot (x-a)^2$$
$$+ \frac{1}{6}f'''(a) \cdot (x-a)^3 + \cdots\cdots$$

이다.

그럼 다음으로 매클로린 급수에 대해서 간단히 설명한다.

매클로린의 정리는 생략하였는데, 그 정리의 $\lim_{n\to\infty} R_n = 0$이라고 판정하는 것은, 일반적으로 어려운 일인데 $n$의 모든 값에 대하여 $f^{(n)}(x)$가 유계(有界), 바꿔 말하면 $|f^{(n)}(x)|$가 어떤 일정한 값을 넘지 않을 때는, $\lim_{n\to\infty} R_n = 0$이 되므로, 그때 $f(x)$는 매클로린 급수로 전개할 수가 있다.

그때, 이 급수는 다음과 같이 나타낼 수 있다.

$$f(x) = f(0) + \frac{f'(0)}{1!}x + \frac{f''(0)}{2!}x^2 + \frac{f'''(0)}{3!}x^3 + \cdots\cdots$$

이것이 유명한 매클로린 급수이다.

그래서 매클로린 급수로 전개하는 것을 「매클로린의 전개」라고 한다.

### ■ 2-8 무한급수를 사용한 $\pi$의 자릿수

원에 내접·외접하는 정 $n$각형의 둘레 계산에 의하여 근삿값은 수소의 자릿수가 35자리까지 구해졌다.

참으로 긴 세월이 걸렸는데 무한급수의 발견에 의하여 단기간 사이에 $\pi$의 자릿수는 급속히 늘어났다.

다음에 그 진척사항을 표로 보인다.

이 표는 많은 책을 참고로 하여 만든 것인데 1706~1947년 사이의 240년 동안에 72자리에서 808자리까지 급속히 자릿수가 늘었다.

윌리엄 샹크스의 707자리는 528자리 이후는 틀렸다는 것을 퍼거슨이 휴대용 계산기를 사용하여 발표하였다.

또, 확률론으로 유명한 드 모르간은 샹크스의 결과는 7이 이상하게 적다는 것을 알아내고 「이렇게 될 확률은 $\frac{1}{45}$, 즉 틀릴 공산이 크다」라고 말하였다.

이것도 샹크스가 계산 실수를 하였다는 증거의 하나라고 할 수 있다.

| 계산한 사람 | 발표년 | 자릿수 |
|---|---|---|
| 아이작 뉴턴(1642~1727) | 1665 | 16 |
| 에이브러햄 샤프(1651~1742) | 1706 | 72 |
| 존 마친(1680~1752) | 1706 | 100 |
| 드 라니(1660~1734) | 1719 | 127 |
| 베가(1754~1802) | 1794 | 140 |
| 윌리엄 러더퍼드(1798~1871) | 1824 | 152 |
| 요한 다제(1824~1861) | 1844 | 205 |
| 토머스 크라우젠(1801~1855) | 1847 | 248 |
| 윌리엄 러더퍼드 | 1853 | 440 |
| 리히터 | 1855 | 500 |
| 윌리엄 샹크스(1812~1882) | 1874 | 527 |
| 퍼거슨 | 1946 | 620 |
| " | 1947(1월) | 710 |
| " (휴대용 계산기 사용) | 1947(9월) | 808 |

**무한급수를 사용한 π의 근삿값**

(주) 드 라그니의 113자리째는 8이 맞는다. 러더퍼드의 제1회째는 208자리 중 맞는 것만. 샹크스는 707자리 중 맞는 것만.

### ■ 2-9 π계산에 사용된 전개식

앞에서 함수 $f(x)$의 전개 공식을 설명하였는데, 응용을 먼저 생각해 보면, 가장 간단한 것은 삼각함수이다. 다음이 그 식이다.

$$\sin x = \sum_{n=0}^{\infty} (-1)^n \frac{x^{2n+1}}{(2n+1)!} \quad (|x| < \infty)$$
$$= (-1)^0 \frac{x^1}{1!} + (-1)^1 \frac{x^3}{3!} + (-1)^2 \frac{x^5}{5!} + (-1)^3 \frac{x^7}{7!} + \cdots\cdots$$

$$\therefore \sin x = x - \frac{x^3}{3!} + \frac{x^5}{5!} - \frac{x^7}{7!} + - \cdots\cdots$$

$$\cos x = \sum_{n=0}^{\infty} (-1)^n \frac{x^{2n}}{(2n)!} \ (|x| < \infty)$$
$$= (-1)^0 \frac{x^0}{0!} + (-1)^1 \frac{x^2}{2!} + (-1)^2 \frac{x^4}{4!} + (-1)^3 \frac{x^6}{6!} + \cdots\cdots$$
$$\therefore \cos x = 1 - \frac{x^2}{2!} + \frac{x^4}{4!} - \frac{x^6}{6!} + - \cdots\cdots$$

다음에 자연로그의 밑 $e$의 전개식은

$$e = 1 + \frac{1}{1!} + \frac{1}{2!} + \frac{1}{3!} + \frac{1}{4!} + \cdots\cdots$$

가 된다.

π의 전개 공식은 많은 수학자가 여러 가지 전개 공식을 발견하여 스스로 π의 근삿값의 자릿수를 조금이라도 많게 하려고 고심하였다.

그래서, 그 사람들의 전개 공식을 알아보자.

요한 다제가 1844년, 20세 때 다음 공식을 사용하여 π값을 소수 205자리까지 계산하였다고 한다.

$$\frac{\pi}{4} = \arctan\frac{1}{2} + \arctan\frac{1}{5} + \arctan\frac{1}{8}$$

여기서 $\arctan\frac{1}{2}$은 $\tan\theta = \frac{1}{2}$와 같다.

다음 공식은 1671년에 그레고리가 1673년에 라이프니츠가 따로따로 발견한 것이며

$$\frac{\pi}{4} = 1 - \frac{1}{3} + \frac{1}{5} - \frac{1}{7} + \frac{1}{9} - \frac{1}{11} + - \cdots\cdots$$

이 되는데, 이 공식은 수렴이 늦고 계산이 불편하였으므로, 그 후

수렴이 빠른 공식이 발견되자 그쪽을 이용하게 되었다.

오일러는 1737년에 역함수 $\tan^{-1}1 = \dfrac{\pi}{4}$ 를 이용하여 우변을 그레고리의 전개식에 의해서 전개하였다.

$$\frac{\pi}{4} = \frac{1}{2} - \frac{1}{3}\left(\frac{1}{2}\right)^3 + \frac{1}{5}\left(\frac{1}{2}\right)^5 - \frac{1}{7}\left(\frac{1}{2}\right)^7 + - \cdots\cdots$$
$$\cdots\cdots + \frac{1}{3} - \frac{1}{3}\left(\frac{1}{3}\right)^3 + \frac{1}{5}\left(\frac{1}{3}\right)^5 - \frac{1}{7}\left(\frac{1}{3}\right)^7 + - \cdots\cdots$$

이 식은 오일러의 급수로 유명한 것이다.

또한, $\tan^{-1}1 = \dfrac{\pi}{4}$ 는 $\tan\dfrac{\pi}{4}$ 과 같은 것으로 $\mathrm{arctan}1 = \dfrac{\pi}{4}$ 라고 써도 된다.

다음 공식은 수표나 수학 사전의 저자로 유명한 「허튼(1737~1823)의 공식」이라고 부른다.

$$\frac{\pi}{4} = 3\mathrm{arctan}\frac{1}{4} + \mathrm{arctan}\frac{5}{99}$$

다음 공식은 오일러의 공식으로부터 생각해 낸 것이며 「마친(1680~1752)의 공식」이라고 부른다.

$$\frac{\pi}{4} = \left\{\frac{1}{5} - \frac{1}{3}\left(\frac{1}{5}\right)^3 + \frac{1}{5}\left(\frac{1}{5}\right)^5 - \frac{1}{7}\left(\frac{1}{5}\right)^7 + - \cdots\cdots\right\}$$
$$- \left\{\frac{1}{239} - \frac{1}{3}\left(\frac{1}{239}\right)^3 + \frac{1}{5}\left(\frac{1}{239}\right)^5 - \frac{1}{7}\left(\frac{1}{239}\right)^7 + - \cdots\cdots\right\}$$

이 공식은 1706년에 발견된 것이다.

$\pi$의 계산에는 이 공식이 가장 많이 이용되었는데, 컴퓨터에 의해 $\pi$의 근삿값을 2,035자리까지 계산한 것도 이 공식이 사용되었

다고 한다.

샹크스는 1873년에 마친의 공식을 사용하여 값을 707자리까지 계산하였는데 휴대용 계산기로 계산한 결과와 비교하면 527자리까지는 맞았던 것 같으나 그 뒤는 틀렸다.

그 밖에도 여러 가지 공식이 있는데, 휴대용 계산기에 이용된 마친의 공식까지만 설명한다.

### ■ 2-10 호도법의 π

각도를 재는 단위는 「도수법」이라고 하여 1회전의 각을 360°로 하고 1°와 60′, 1′는 60″라는 측정법을 사용한다는 것을 잘 알고 있을 것이다.

여기에서는 360°는 「360도」, 60′는 「60분」, 60″는 「60초」라고 해서 시간이나 시각과 같이 60진법이다.

이러한 도수법 외에 「호도법」이라는 각의 측정법이 있다.

그림에서 원 O의 반지름을 $r$이라고 하고 원주에 따라 $\overset{\frown}{AB}$(호 AB)의 길이를 $r$이라고 하였을 때의 중심각 AOB(∠AOB)를 1호도(1rad, 1라디안)라고 정한다.

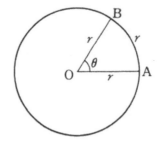

이렇게 각의 크기(확대 정도의 대소)를 재는 방식을 「호도법」이라고 한다.

또, 라디안은 보통 무명수로 부르고 있다.

이것으로부터 「∠AOB = 1이다」라고 한다.

여기서 1호도(1라디안)는 몇 도에 해당하는가 계산해 보자.

중심각의 크기와 호의 길이는 비례(정비례)하므로

$$\theta : 360\,^\circ = r : 2\pi r = 1 : 2\pi$$

가 된다. $2\pi r$는 반지름 $r$인 원의 원주의 길이이다.

이 비례식을 $\theta$에 대해서 풀면

$$\theta = 360\,^\circ \div 2\pi = 180\,^\circ \div \pi = \frac{180\,^\circ}{\pi}$$

이것에서 $\theta = \dfrac{180\,^\circ}{\pi}$ 가 되므로

$$1\text{rad} \fallingdotseq 57\,^\circ\,17'\,44.8''$$

가 된다. 그러나 1라디안의 크기는 그다지 사용되지 않는다.

그것보다도 $1\text{rad} = \dfrac{180\,^\circ}{\pi} \Rightarrow \pi\text{rad}$라고 하는 쪽이 중요하다.

180도가 $\pi$(라디안)이므로, 이것을 「180°는 $\pi$이다」라든가, 「90°

는 $\dfrac{\pi}{2}$이다」라든가, 「45°는 $\dfrac{\pi}{4}$이다」라고 한다.

또한, 「360°는 $2\pi$이다」라고도 한다.

원주율의 근삿값을 계산하고 있는 동안에 「호도법」이라는 중요
한 사용법이 $\pi$를 기다리고 있었던 것 같다.

### ■ 2-11 삼각함수와 호도법의 관계

호도법으로 각의 크기를 나타내게 되었으므로, 비교적 많이 사용
되는 호도법의 각의 삼각비(삼각함수라고도 할 때도 있다)를 다음에
소개한다.

$\pi$의 값을 구하는 공식 중에 $\arctan a$(아크탄젠트 에이라고 부른
다)라는 형식의 식이 있는데, 이것은 $\tan\theta = a$가 되는 $\theta$를 나타

낸다.

또, 공식의 좌변에 $\dfrac{\pi}{4}$라고 있는 것은 각 45°를 나타냄과 동시에 $\pi$ 나누기 $4(\pi \div 4)$라고 생각해도 된다.

그런데, $\tan45° = \tan\dfrac{\pi}{4} = 1$이 되는데 $\arctan\dfrac{5}{4}\pi = 1$ 외에 tangent가 1이 되는 각은 그 밖에도 많이 있으므로, 그 중의 단 하나를 생각하여 「주치」라고 한다.

그렇게 하면, $\arctan1 = \dfrac{\pi}{4}(= 45°)$로써 단 한 가지로 결정된다.

| 도수법<br>호도법<br>삼각함수 | 0° | 30° | 45° | 60° | 90° | 180° | 270° | 360° |
|---|---|---|---|---|---|---|---|---|
| | 0 | $\dfrac{\pi}{6}$ | $\dfrac{\pi}{4}$ | $\dfrac{\pi}{3}$ | $\dfrac{\pi}{2}$ | $\pi$ | $\dfrac{3}{2}\pi$ | $2\pi$ |
| $\sin\theta$ | 0 | $\dfrac{1}{2}$ | $\dfrac{1}{\sqrt{2}}$ | $\dfrac{\sqrt{3}}{2}$ | 1 | 0 | $-1$ | 0 |
| $\cos\theta$ | 1 | $\dfrac{\sqrt{3}}{2}$ | $\dfrac{1}{\sqrt{2}}$ | $\dfrac{1}{2}$ | 0 | $-1$ | 0 | 1 |
| $\tan\theta$ | 0 | $\dfrac{1}{\sqrt{3}}$ | 1 | $\sqrt{3}$ | $\infty$ | 0 | $-\infty$ | 0 |

$\pi$의 근삿값을 계산하는 전개식의 대부분은 $\dfrac{\pi}{4}$를 사용하고 있다.

이것은 $\tan\dfrac{\pi}{4} = 1$를 사용하였기 때문일 것이다.

즉 $\arctan1 = \dfrac{\pi}{4}$가 되기 때문이다.

호도법이나 역삼각함수 $\arcsin x$, $\arccos x$, $\arctan x$ 등은 일찍부터 이용되었다고 생각된다.

# 제3장

# $\pi$를 사용하여 계산한다

### ■ 3-1 반지름 r의 원주는 2πr

반지름 $r$의 원주의 길이는 $2\pi r$이 되므로 반지름=1이라고 하면 원주의 길이는 $2\pi$이다.

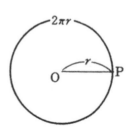

따라서, 지름 1(반지름 0.5)인 때의 원주의 길이는 $\pi$ 그 자체가 된다.

원주율 $\pi$는 원래 원주의 길이와 지름의 비이므로 이것은 당연한 일이다.

그럼, 잠시 비례에 대해서 생각해 보자. 이것을 원에 써 보자.

### ■ 3-2 반지름 r, 중심각 θ의 호 AB의 길이

중심각의 크기와 호(원주의 일부)의 길이는 비례(정비례)한다. 그래서, 다음 비례식이 성립된다.

$$\theta : 360 = \overset{\frown}{\mathrm{AB}} : 2\pi \mathrm{r}$$

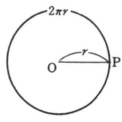

이 식을 $\overset{\frown}{\mathrm{AB}}$에 대해서 풀면

$$\overset{\frown}{\mathrm{AB}} = \theta \times 2\pi r \div 360 = 2\pi r \times \frac{\theta}{360}$$

이 된다.

$\theta = 120°$인 때는, $\overset{\frown}{\mathrm{AB}} = 2\pi r \times \dfrac{120}{360} = 2\pi r \times \dfrac{1}{3}$이 되므로, 이

길이는 원주의 $\dfrac{1}{3}$이 된다.

만일, $r = 3$(cm)이라면, 원주의 길이는 $2\pi r = 2 \times 3 \times \pi = 6\pi$(cm)

가 되므로, $\overgroup{AB}$의 길이는 $\overgroup{AB}=\dfrac{1}{3}\times 2\pi \times 3 = 2\pi\,(\text{cm})$가 된다.

나중에 설명하는 호도법을 사용한 원주의 길이와 호의 길이를 구하는 법을 비교하면, 호도법의 이점을 잘 알 수 있을 것이다.

비례식에서는 180° 등의 기호 °(도)는 생략하여 설명을 진행하기로 한다.

### ■ 3-3 원의 넓이를 구한다

반지름 $r$의 원의 넓이는 물론 $\pi r^2$로 구할 수 있다.

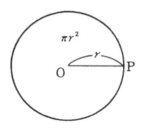

따라서, 반지름이 정해지면, 원의 넓이도 간단히 구할 수 있게 된다.

이 식으로부터 원의 넓이는 반지름의 제곱에 비례한다는 것을 알 수 있다.

이때의 비례상수가 $\pi$이다.

원주율 $\pi$는 원주의 길이와 지름의 비였는데, 원의 넓이와 반지름의 제곱과의 비례상수로 변신하였다.

원의 넓이를 $S$라고 하고, 반지름을 $r$이라고 하면 $S=\pi r^2$라고 나타낼 수 있다.

이 원의 넓이를 구하는 법은 유럽에서도 에도(江戶)시대의 일본에서도 생각하는 방식은 같아서 길쭉한 삼각형을 여러 개 모은 것이라고 생각하여 계산한 것 같다.

다음 페이지의 위 그림은 원을 12등분한 것인데, 대략 평행사변형의 넓이와 비슷하다.

이 분할을 24, 48, …… 점차 커지게 하면 이등변삼각형에 가까운

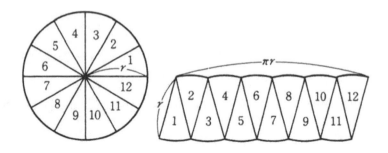

길쭉한 바늘과 같은 삼각형의 집합이 된다. 그 때문에, 극한으로서

$$（반원의 주）×（반지름） = （원의 넓이）$$

라고 생각할 수 있으므로, $\dfrac{2\pi r}{2} \times r = \pi r^2$ 가 원의 넓이를 구하는

식이 된다.

### ■ 3-4 부채꼴의 넓이를 구한다

2개의 반지름 OA와 OB 및 호 AB($\widehat{AB}$)로 둘러싸인 도형을 「부채꼴」이라고 한다.

각 AOB($\angle$AOB)를 「중심각」이라고 하는데, 부채꼴의 넓이와 중심각의 크기는 비례하므로, 부채꼴의 OAB의 넓이를 $S$로 나타내면

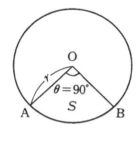

$$S : \pi r^2 = \theta : 360$$

이 식을 $S$에 대해서 풀면 $S = \pi r^2 \times \theta \div 360 = \dfrac{\pi r^2 \theta}{360}$ 가 된다.

이것은 부채꼴의 넓이를 구하는 식이다.

4분원($\theta = 90°$)인 때, 그 부채꼴의 넓이는

$$S = \frac{90\pi r^2}{360} = \frac{1}{4}\pi r^2$$

이 되므로, 만일 반지름이 4(㎝)이면

$$S = \frac{1}{4}\pi \times 4^2 = \frac{1}{4} \times 4 \times 4\pi = 4\pi$$

그러므로, $S = 4\pi$(㎝)가 된다.

### ■ 3-5 활꼴의 넓이를 구한다

오른쪽 그림을 보면, 선분 AB(직선의 일부분을 선분이라고 한다)는 「현(弦)」이다.

현 AB에 의해서 원 O는 2개의 부분, APB와 AQB로 나눠지는데, 이 2개의 부분을 각각 「활꼴 APB」「활꼴 AQB」라고 부른다.

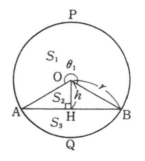

바꿔 말하면, 활꼴이란 원주의 일부와 현으로 생기는 도형이다.

활꼴의 호의 길이는 앞에서 설명한 방법으로 반지름과 중심각을 알면 구할 수 있는데, 여기서는 활꼴 넓이를 구하는 법을 생각해 보자.

활꼴 APB는 부채꼴 APB와 삼각형 OAB의 합이므로 부채꼴 부분은 앞에서 설명한 방법으로 넓이를 구하고, 그것에 삼각형 OAB의 넓이를 더하면 된다.

중심 O에서 현 AB에 내린 수선의 길이를 $h$라고 하면, 현 AB

의 길이는 $2\sqrt{r^2 - h^2}$ 가 되므로 삼각형 OAB의 넓이는 $\text{AB} \times \text{OH} \div 2$ 에 의해서

$$\triangle \text{OAB} = 2\sqrt{r^2 - h^2} \times h \div 2 = h\sqrt{r^2 - h^2}$$

가 된다.

이것에서 원 O의 반지름이 $2(\text{cm})$이고 $\angle \text{AOB} = 120\,°$인 때 $\theta_1$ $= 360\,° - 120\,° = 240\,°$가 되므로 부채꼴 APB의 넓이 $S_1$은 $S_1 : \pi r^2$ $= 240 : 360$을 $S_1$에 대해서 풀면 $S_1 = \dfrac{240}{360}\pi r^2 = \dfrac{2}{3}\pi r^2$, 또 삼각형 OAB의 넓이 $S_2$는 $S_2 = h\sqrt{r^2 - h^2}$이므로 활꼴 APB의 넓이 $S$는 $S = S_1 + S_2 = \dfrac{2}{3}\pi r^2 + h\sqrt{r^2 - h^2}$가 된다.

만일 반지름이 $r = 2(\text{cm})$이고 $h = 1(\text{cm})$인 때는

$$S = \frac{2}{3}\pi \cdot 2^2 + 1 \times \sqrt{2^2 - 1^1} = \frac{2 \times 4}{3} \times \pi + \sqrt{3}$$
$$= \left( \frac{8}{3}\pi + \sqrt{3} \right)(\text{cm}^2)$$

가 된다.

한편, 활꼴 AQB의 넓이는 원의 넓이에서 활꼴 APB의 넓이를 빼면 구할 수 있으므로

$$S_3 = \pi r^2 - (S_1 + S_2) = \pi r^2 - \left( \frac{2}{3}\pi r^2 + h\sqrt{r^2 - h^2} \right)$$

이 된다.

이것은 반지름 $2(\text{cm})$, $h = 1(\text{cm})$인 때는

$$S_3 = 4\pi - \left(\frac{8}{3}\pi + \sqrt{3}\right) = \frac{12-8}{3}\pi - \sqrt{3} = \left(\frac{4}{3}\pi - \sqrt{3}\right)(\text{cm}^2)$$

이 된다.

앞에서 설명한 부채꼴의 넓이는, 일반적인 계산 방법을 설명하기 위해서 어렵게 풀었는데, 중심각이 90°인 때는 4분원이므로 원의 넓이의 $\frac{1}{4}$이고 ZL 크기는 쉽게 $\frac{1}{4}\pi r^2$라고 해도 된다.

또, 활꼴의 넓이로부터 구할 때의 부채꼴 APB의 넓이는 중심각 240°에서 $\frac{2}{3}\pi r^2$로 구하는 것이 손쉽다.

### ■ 3-6 타원의 넓이를 구한다

오른쪽 그림에 대해서 설명하면, O는 「타원의 중심」, A, A', B, B'는 「꼭짓점」, AA'는 「장축」, BB'는 「단축」이라고 부른다.

또, 긴 OA = $a$를 「긴 반지름」, 짧은 OB = $b$를 「짧은 반지름」이라고 한다.

또한, 타원을 「장원(長圓)」이라고도 한다.

그래서, $a = b$가 되면 「원」이 된다.

타원의 넓이를 $S$라고 하면 $S = \pi ab$로 구할 수 있다. $a = b$인 때는, 물론 원의 넓이를 나타낸다.

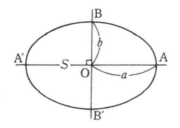

여기서 긴 반지름 $a = 3(\text{cm})$, 짧은 반지름 $b = 2(\text{cm})$라고 하면, 그 넓이 $S$는 $S = 3 \times 2 \times \pi = 6\pi(\text{cm}^2)$가 된다.

지금까지의 예에서 원주의 길이, 호의 길이, 원의 넓이, 부채꼴의 넓이, 활꼴의 넓이, 타원의 넓이 등 모두에 원주율 $\pi$가 사용되고 있다.

이렇게 $\pi$는 원뿐만 아니라 타원 등에까지 필요한 수이다.

## ■ 3-7 구의 표면적과 부피를 구한다

구(「구체(球體)」라고도 한다)의 표면적은 $S = 4\pi r^2$로 계산할 수 있다는 것은 알고 있다.

이 값은 같은 반지름 $r$인 원 넓이의 꼭 4배이어서 정수(整數) 4 이므로 계산이 아주 쉽다.

그런데, 구의 부피는 $V = \dfrac{4}{3\pi r^3}$로 구할 수 있다.

이 식을 분해해 보면 $\dfrac{r}{3} \times 4\pi r^2$가 되므로, 구의 표면적을 밑면으로 하여 $r$를 높이로 하는 뿔체(원뿔이나 각뿔)의 부피와 꼭 같은 것이 된다.

(뿔체의 부피)=(밑넓이)×(높이)÷3

으로 되어 있으므로 밑넓이를 $S$, 높이를 $h$라고 하면 부피 $V$는

$V = S \times h \div 3 = \dfrac{Sh}{3}$로 할 수 있다.

이것은 밑면이 삼각형, 사각형, …… 등의 다각형인 때는 $\pi$는 사용되지 않는데, 밑면이 원이나 타원인 원뿔이나 타원뿔인 때는 그 부피를 구하는 데는 $\pi$가 필요하게 된다.

구체적으로 구의 부피와 표면적을 계산해 보자.

반지름 2(㎝)의 구의 표면적 $S$는

$$S = 4 \times \pi \times 2^2 = 16\pi(\text{cm}^2)$$

가 된다.

또, 같은 반지름의 구의 부피 $V$는

$$V = \frac{4}{3} \times \pi \times 2^3 = \frac{32}{3}\pi(\text{cm}^3)$$

가 된다.

## ■ 3-8 원뿔의 부피와 표면적을 구한다

각뿔이든 원뿔이든 뿔체의 부피 $V$는 밑넓이 $S$와 높이 $h$에 의해서 $V = \dfrac{Sh}{3}$로 계산할 수 있다는 것은 앞에서 설명한 것과 같다.

그런데, 각뿔은 $\pi$와 관계없으므로 여기에서는 원뿔에 대해서만 생각하기로 한다.

원뿔의 부피 $V$는 밑면의 반지름을 $r$이라 하고 높이를 $h$라고 하면,

$V = \pi r^2 \times h \div 3 = \dfrac{\pi r^2 h}{3}$ 가 되어, 역시 $\pi$가 필요하게 된다.

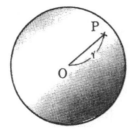
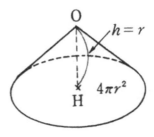

이 식에서 $h$를 $r$로 바꿔 놓고 밑넓이를 $4\pi r^2$라고 하면 $V = \dfrac{1}{3}$

$\times 4\pi r^2 \times r = \dfrac{4}{3}\pi r^3$이 되어 앞에서 구한 구의 부피와 같아진다.

다시 써보면 $V = \dfrac{\pi r^2 h}{3} \Rightarrow \dfrac{4\pi r^3}{3}$가 된다.

다음은 뿔체의 표면적이다. 각뿔은 $\pi$와 무관계하지만, 원뿔의 표면적을 구하는 데는 $\pi$가 필요하게 된다.

원뿔의 밑면은 원이며, 측면은 곡면이므로, 먼저 전개도를 그려서 생각하기로 한다.

아래 왼쪽 그림은 원뿔의 겨냥도인데, 이것을 잘라서 벌려 전개도를 그리면 오른쪽 그림과 같이 된다.

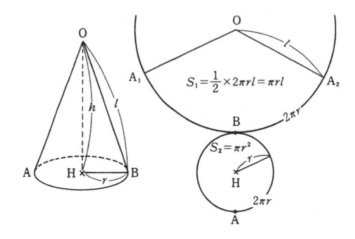

측면의 모양은 전개도로부터 알 수 있는 것과 같이 호의 길이 $2\pi r$, 반지름 $l$의 부채꼴이 되므로 그 넓이 $S$은

$$S_1 = \frac{1}{2} \times 2\pi r \times l = \pi r l$$

이 된다.

또, 밑면적 $S_2$ 쪽은 반지름 $r$인 원이므로 $S_2 = \pi r^2$이다.

따라서, 원뿔의 전부의 표면적(전표면적이라고도 한다) $S$는 $S_1$과 $S_2$를 더하여 $S = \pi r l + \pi r^2 = \pi r(l+r)$로 계산된다.

그럼, 실제의 원뿔에 대하여 그 표면적을 구해 보자.

밑면의 반지름 1(㎝), 높이 $\sqrt{3}$(㎝), 왼쪽 그림에서는 OA = OB = $l$, 오른쪽 그림에서도 $l$ = OA$_1$ = OA$_2$가 되는데, 이 $l$을 「모선(母線)」 또는 「사고(斜高)」라고 한다.

그래서 $l = \sqrt{r^2 + h^2} = \sqrt{1+3} = \sqrt{4} = 2$(㎝)로 계산하면, 원뿔의 부피 $V$는

$$V = \frac{\pi r^2 h}{3} = \frac{\pi \times 1^2 \times \sqrt{3}}{3} = \frac{\sqrt{3}}{3} \pi (\text{㎤})$$

가 된다.

또, 원뿔의 표면적은

$$S = \pi r(l+r) = \pi(2+1) = 3\pi(\text{㎠})$$

가 되어 역시 $\pi$가 중요하다.

## ■ 3-9 원뿔대의 부피와 표면적을 구한다

원뿔을 그 밑면에 평행한 평면으로 자르면 윗부분은 원뿔이지 만 아랫부분은 원뿔대가 된다.

원뿔대는 상하 2개의 면은 평행이고, 측면은 원뿔의 일부분이므로 물론 곡면으로 되어 있다.

높이 $h$의 원뿔을 잘라서 원뿔대를 만들었다고 하여 아래의 밑

면 반지름을 $r_1$, 위의 밑면 반지름을 $r_2$, 높
이 $h$를 둘로 나눠서 아래의 원뿔대 높이를
$h_1$, 위의 원뿔 부분의 높이를 $h_2$라고 한다.

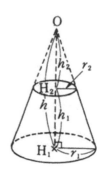

먼저, 2개의 닮은꼴의 넓이의 비는 제곱비
(비의 각 항을 제곱한 것)이고, 부피의 비는
세제곱비(비의 각 항을 세제곱한 것)가 되므로
그림을 보면서 다음 계산을 생각해 보자.

$$
\text{(원뿔대의 부피)} = \frac{\pi}{3} r_1^2 h - \frac{\pi}{3} r_2^2 h_2
$$

$$
= \frac{\pi}{3} \left\{ r_1^2 (h_1 + h_2) - r_2^2 h_2 \right\} = \frac{\pi}{3} \left( r_1^2 h_1 + r_1^2 h_2 - r_2^2 h_2 \right)
$$

$$
= \frac{\pi}{3} \left\{ r_1^2 h_1 + h_2 \left( r_1^2 - r_2^2 \right) \right\} \cdots\cdots ①
$$

그런데, 한편에서

$$
h_2 : h_1 = r_2 : r_1 \text{에서}, \; r_1 h_2 = r_2 h_1,
$$
$$
r_1 h_2 = r_2 (h_1 + h_2), \; r_1 h_2 - r_2 h_2 = r_2 h_1
$$
$$
h_2 (r_1 - r_2) = r_2 h_1 \qquad \therefore h_2 = \frac{r_2 h_1}{r_1 - r_2} \cdots\cdots ②
$$

②를 ①에 대입하면

$$
\text{(원뿔대의 부피)} = \frac{\pi}{3} \left\{ r_1^2 h_1 + \frac{r_2 h_1}{r_1 - r_2} \left( r_1^2 - r_2^2 \right) \right\}
$$

$$
= \frac{\pi}{3} \left\{ r_1^2 h_1 + r_2 h_1 (r_1 + r_2) \right\} = \frac{1}{3} \pi h_1 \left( r_1^2 + r_1 r_2 + r_2^2 \right)
$$

이것으로부터 원뿔대의 부피는 윗밑면과 아랫밑면의 반지름과
대의 높이를 알면, 그 값을 구할 수 있으며 여기에도 $\pi$가 존재한다.

이어 원뿔대의 표면적(전표면적)을 구해 보자. 이런 문제는 전개도를 그려 보면 알기 쉽다.

그러면 다음 그림을 보면서 설명한다.

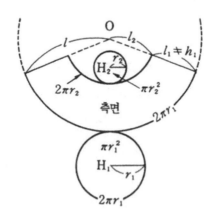

윗밑면도 아랫밑면도 원이므로 그 넓이는

$$\pi r_2^2 + \pi r_1^2 = \pi(r_2^2 + r_1^2)$$

이 되는데, 측면은

$$(측면의\ 넓이) = \pi r_1 l - \pi r_2 l_2$$
$$\pi\{r_1(l_1 + l_2) - r_2 l_2\} = \pi\{r_1 l_1 + l_2(r_1 - r_2)\} \cdots\cdots ①$$

그런데, 한편에서

$$r_2 : r_1 = l_2 : l 에서\ r_2 : r_1 = l_2 : (l_1 + l_2)$$

그러므로, $r_2(l_1 + l_2) = r_1 l_2$

$$r_2 l_1 + r_2 l_2 = r_1 l_2, \quad r_2 l_1 = l_2(r_1 - r_2)$$
$$\therefore l_2 = \frac{r_2 l_1}{r_1 - r_2} \cdots\cdots ②$$

여기서 ②를 ①에 대입하면

$$(측면의 넓이) = \pi\left\{r_1 l_1 + \frac{r_2 l_1}{r_1 - r_2}(r_1 - r_2)\right\}$$
$$= \pi(r_1 l_1 + r_2 l_1)$$
$$= \pi l_1(r_1 + r_2)$$

이것에서부터 원뿔대의 표면적을 구하는 데는 윗밑면과 아랫밑면의 반지름을 구하고 사고(높이가 아니고 모선의 일부분)를 구하면 다음과 같이 표면적을 구할 수 있게 된다.

$$(표면적) = (상하의 2개의 원넓이) + (측넓이)$$
$$= \pi(r_2^2 + r_1^2) + \pi l_1(r_1 + r_2) = \pi(r_1 l_1 + r_2^2 + r_1^2 + r_2 l_1)$$
$$= \pi\{r_1(l_1 + r_1) + r_2(l_1 + r_2)\}$$

여기에서도 $\pi$가 중요한 구실을 하고 있다.

새삼, 원뿔대의 부피 $V$와 표면적 $S$의 계산식을 적어 보면

$$V = \frac{\pi h_1}{3}(r_1^2 + r_1 r_2 + r_2^2), \quad S = \pi\{r_1(l_1 + r_1) + r_2(l_2 + r_2)\}$$

가 되므로 실제의 원뿔대의 부피와
표면적을 계산해 보자.

오른쪽 그림의 원뿔대는 윗밑면의
반지름 2(㎝), 아랫밑면의 반지름 3(㎝),
높이 $\sqrt{3}$ (㎝), 사고 2(㎝)인 것이다.

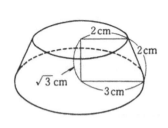

부피 $V$의 계산은

$$V = \frac{\pi h_1}{3}(r_1^2 + r_1 r_2 + r_2^2) = \frac{\pi}{3} \times \sqrt{3}(3^2 + 3 \times 2 + 2^2)$$

$$= \frac{\pi}{3} \times \sqrt{3}\,(9+6+4) = \frac{19\sqrt{3}\,\pi}{3}\,(\text{cm}^3)$$

표면적 $S$의 계산은

$$S = \pi\{r_1(l_1+r_1)+r_2(l_1+r_2)\} = \pi\{3(2+3)+2(2+2)\}$$
$$= \pi(3\times5+2\times4) = \pi(15+8) = 23\pi\,(\text{cm}^2)$$

가 된다.

# 제4장

## 호도법, 부채꼴, 삼각함수와 $\pi$

### ■ 4-1 호도법과 호의 길이

중심각이 호도법으로 표시되어 있을
때, 호의 길이는 간단히 나타낼 수 있다.

오른쪽 그림에서 중심각 AOB(∠AOB)
의 크기를 $\theta$(라디안)라고 하고, 호 AB
($\widehat{AB}$)의 길이를 $l$이라고 하면 중심각
의 크기와 호의 길이는 비례(정비례)하
므로

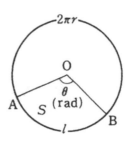

$$\theta : 2\pi = l : 2\pi r \qquad (360° = 2\pi \text{ rad})$$

이 식을 $l$에 대해서 풀면

$$l = \frac{\theta \times 2\pi r}{2\pi} = r\theta$$

가 되는 데서, 호도법으로 나타낸 각을 사용하면

(호의 길이) = (반지름)×(중심각)

로 나타낼 수 있으므로 아주 편리하고 간단하게 된다.

$\pi$의 모습이 보이지 않게 되어 좋아하는 사람도 있겠지만 웬걸
$\pi$는 살아있다.

그러면, 한 예를 생각해 보자.

중심각의 크기를 호도법으로 나타내어 $\theta = \dfrac{2}{3}\pi$로서 반지름을
$r = 30$(㎝)이라고 하면 호의 길이는

$$l = rtheta = 30 \times \frac{2}{3}\pi = 20\pi(\text{㎝})$$

가 되므로 겉보기로 $\pi$가 없어져서 잘되었다고 생각해도 소용이 없다.

$\theta$ 속에 어김없이 $\pi$는 포함되어 있다.

### ■ 4-2 호도법과 부채꼴의 넓이

앞 페이지의 그림에서 부채꼴 AOB의 넓이를 S라고 한다.

중심각의 크기와 부채꼴의 넓이는 비례하므로 중심각을 호도법으로 나타내어 $\angle$AOB $= \theta$(라디안)라고 하면

$$S : \pi r^2 = \theta : 2\pi \qquad \text{(1회전의 호도는 } 2\pi\text{)}$$

이 식을 $S$에 대해서 풀면 $S = \dfrac{\pi r^2 \theta}{2\pi}$에서 $S = \dfrac{r^2 \theta}{2}$가 되어 부채꼴의 넓이는 간단히 나타낼 수 있다

$\pi$가 없어져서 안심인데, 어쩐지 섭섭하기도 하다.

그럼, 하나의 예제를 생각해 보자.

중심각을 호도법으로 나타내어 $\theta = \dfrac{2}{3}\pi$, 반지름을 $r = 6$(cm)이라고 하면, 부채꼴 AOB의 넓이 $S$는

$$S = \frac{1}{2} \times 6^2 \times \frac{2}{3}\pi = 6 \times 2\pi = 12\pi \text{(cm}^2\text{)}$$

역시 부채꼴의 넓이에도 $\pi$가 나타난다.

이렇게 $\pi$는 첩자처럼 숨었다 나타났다 한다.

호도법의 호의 길이나 부채꼴의 넓이 등도 어차피 $\pi$와 인연을 끊을 수 없다.

## ■ 4-3 사인 곡선을 그리는 법과 역사인 함수

앞에서 호도법과 도수법의 각을 비교하였는데, 호도법을 사용하면 삼각함수의 그래프를 올바르게 그릴 수 있다.

$\pi$의 근삿값은 여러 가지 있지만, 그래프는 약도에 지나지 않으므로 $\pi = 3.14$로 충분히 소용이 된다.

삼각함수에는 6종류($\sin x$, $\cos x$, $\tan x$, $\cot x$, $\sec x$, $\operatorname{cosec} x$)가 있는데, 모두 반복 주기함수이므로 $x$의 값을 마이너스 무한대에서 플러스 무한대까지($-\infty < x < +\infty$) 그릴 필요는 없다.

따라서, 사인 곡선은 폐구간 $[0, 2\pi]$만 그리기로 한다. 폐구간 $[0, 2\pi]$라는 것은 $0 \leq x \leq 2\pi$를 뜻한다.

아래 그림은 사인 곡선(sine curve)의 약도이다.

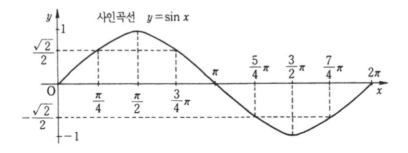

이 그림은 $y = \sin x$를 간단하게 나타낸 것이다.

이 그림에서 곧 $\sin \dfrac{\pi}{4} = \sin \dfrac{3}{4}\pi$인 것이나, $\sin \dfrac{5}{4}\pi = \sin \dfrac{7}{4\pi}$인 것을 알게 된다.

사인 함수는 「주기함수」라고 하였는데 주기는 $2\pi$이다.

주기가 $2\pi$라는 것은 $x$의 값이 $2\pi$만큼 다를 때, $y = \sin x$의

값이 같다는 것이다.

또한, 이 그래프는 축의 양·음의 방향으로 무한히 뻗고 있다. 사인 함수 $y=\sin x$의 역함수는 $y=\sin^{-1}x$, 또는 $y=\arcsin x$라고 적는다. $\sin^{-1}x$는 인버스 사인 엑스(inverse $\sin x$)라고 읽는다. 역사인 함수의 그래프는 다음과 같은 세로형의 것이 된다.

이 함수는 $x$값이 폐구간 $[-1,1]$로 $y$의 값은 무수하게 있다.

$x$값의 범위를 「정의역(定義域)」이라고 하며, $y$의 값의 범위를 「치역(値域)」이라고 한다.

예를 들면, $x=\dfrac{1}{2}$이 되는 각은 무한히 많이 있게 된다.

오른쪽 그림 속에도 $x=\dfrac{1}{2}$이 되는 $y$의 값은 3개가 있다.

그래서 $y$의 범위를 제한하면 단 1개로 결정된다.

이것을 역사인 함수의 「주치」라고 한다. 이 함수에서는 $\left[-\dfrac{\pi}{2},\ \dfrac{\pi}{2}\right]$를 취한다.

이렇게 하면

$$y=\arcsin\frac{1}{2}=\frac{\pi}{6}\,(=30\,^{\circ})$$

단 1개로 결정된다.

바꿔 말하면 주치를 생각할 때,

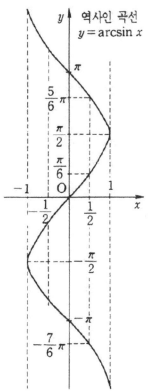

$\dfrac{1}{2}$을 사인으로 가진 각은 $\dfrac{\pi}{6}$을, 즉 30°만으로 된다.

주치를 생각하지 않을 때, $y=\arcsin x$는 무한다가함수(無限多價函數)가 된다. 이때는 1개의 $x$에 대하여 $y$의 값은 무수히 있다.

이러한 함수에 대하여 직선을 나타내는 함수 $y=ax+b(a,\ b$는 상수)와 같은 함수를 「1차 함수」라고 한다. 즉 $x$와 $y$가 1대 1에 대응하고 있다.

## ■ 4-4 코사인 함수의 그래프와 역코사인 함수

$y=\cos x(-\infty<x<+\infty)$를 코사인 함수라고 한다.

이 함수의 정의역, 즉 $x$의 범위는 모든 실수이다.

이것을 부등식으로 $-\infty<x<\infty$, 또는 $(-\infty,\infty)$라고 적는다. 이것을 「개구간(開區間)」이라고 한다.

그런데, 치역, 즉 $y$의 값의 범위는 $[-1,1]$ 또는 $-1\leq y\leq 1$ 이라고 적는다.

이것도 「폐구간(閉區間)」이라고 한다.

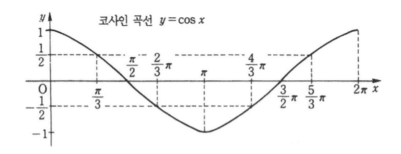

코사인 곡선 $y=\cos x$

이 함수 $y=\cos x$도 $y=\sin x$와 같이 주기함수이며 그 주기는 $2\pi$이다.

그것은 $2\pi$마다에 $y$값이 같아지기 때문이다.

코사인 함수의 역함수는 역코사인 함수로 $y = \cos^{-1}x$ 또는 $y = \arccos x$ 라고 적는다.

이 함수의 정의역은 $[-1, 1]$, 즉 $-1 \le x \le 1$이 되는데, 치역은 모든 실수이며, $-\infty < y < \infty$로 되어 있다. 주치를 정하기 위하여 치역을 $[0, \pi]$, 즉 $0 \le y \le \pi$라고 하면 역코사인 함수의 값은 단 1개로 결정된다.

주치를 생각하면 역사인 함수도 역코사인 함수도 $x$와 $y$가 1대 1로 대응하게 된다.

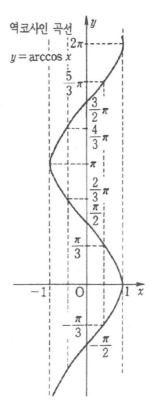

역코사인 곡선
$y = \arccos x$

## ■ 4-5 탄젠트 함수의 그래프와 역탄젠트 함수

그런데 $y = \tan x (-\infty < x < \infty)$ 그래프의 정의역은 $(-\infty, \infty)$, 즉 $-\infty < x < \infty$인데, 치역도 또한 $(-\infty, \infty)$가 되어 있다.

다음 페이지의 그림은 0에서 $\pi$까지의 1주기를 그린 것이다. 탄젠트 함수도 주기함수이며 그 주기는 $\pi$, 즉 180°이다. 이 함수의 특징은 불연속인 것이다.

그림에서 보인 것처럼 탄젠트 함수의 그래프(tangent curve)는

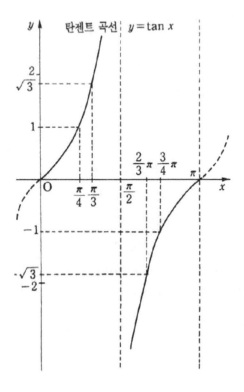

$x = \dfrac{\pi}{2}$ 이며 플러스 무한대에서 마이너스 무한대로 바뀌고 있다.

이 그래프를 잘 보면, $x = \dfrac{\pi}{2}$ 의 홀수배마다 불연속으로 되어 있다.

따라서, 불연속인 점은 $x = \pm\dfrac{\pi}{2},\ \pm\dfrac{3}{2}\pi,\ \pm\dfrac{5}{2}\pi,\ \cdots\cdots$ 가 된다.

다음에 탄젠트 함수 $y = \tan x$ 의 역함수인 역탄젠트 함수 $y$ $= \tan^{-1}x\,(y = \arctan x)$ 의 그래프는 $y = \dfrac{\pi}{2}(\mathrm{rad})$ 의 홀수배로 불연속이 되는데, 1개의 $x$값에 대하여 무수한 $y$값이 있다.

그래서 주치를 $-\dfrac{\pi}{2} \leq \tan^{-1}x \leq \dfrac{\pi}{2}$ 의 범위에서 정하면 $(-\infty, \infty)$,

즉 $-\dfrac{\pi}{2} \leq \tan^{-1}x \leq \dfrac{\pi}{2}$ 의 정의역에 대하여 역탄젠트 함수의 값

은 일의적으로 결정되고 $x$와 $y$가 1대 1의 대응이 된다.

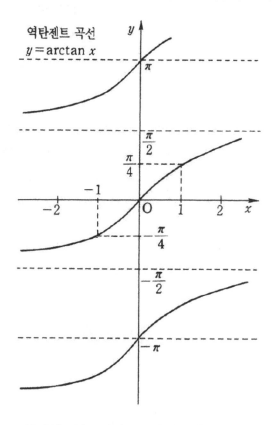

## ■ 4-6 역사인, 역코사인, 역탄젠트 함수의 주치

앞에서 설명한 것과 같이 사인 함수의 역함수는 역사인 함수이

며 그 주치는 폐구간 $\left[-\dfrac{\pi}{2}, \dfrac{\pi}{2}\right]$, 즉

$$-\frac{\pi}{2} \le \arcsin x \le \frac{\pi}{2}$$

로 1대 1의 대응이 되었다.

또한 코사인 함수의 역함수는 역코사인 함수이며 그 주값은 폐구간 $[0, \pi]$, 즉 $0 \le \arccos x \le \pi$로 1대 1이 되었다.

다시 탄젠트 함수의 역함수는 역탄젠트 함수인데 그 주값은 폐구간 $\left[-\frac{\pi}{2}, \frac{\pi}{2}\right]$, 즉 $-\frac{\pi}{2} \le \arctan x \le \frac{\pi}{2}$로 1 대 1의 대응이 됨을 알게 된다.

이에 대해서는 좀 어렵지만 코탄젠트 함수 $y = \cot x$, 시컨트 함수 $y = \sec x$, 코시컨트 함수 $y = \csc x$와 그들의 함수인 역탄젠트 함수 $y = \text{arccot} x$, 역시컨트 함수 $y = \text{arcsec} x$, 그리고 역코시컨트 함수 $y = \text{arccosec} x$의 그래프를 보인다.

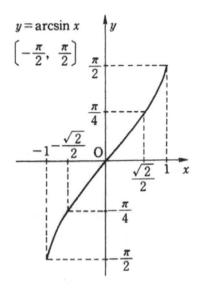

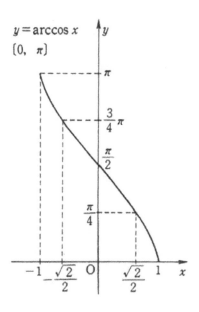

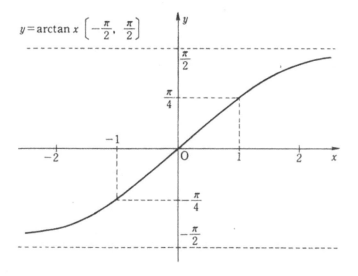

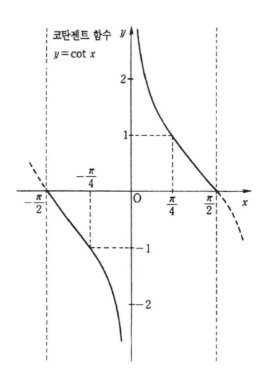

코탄젠트 함수
$y = \cot x$

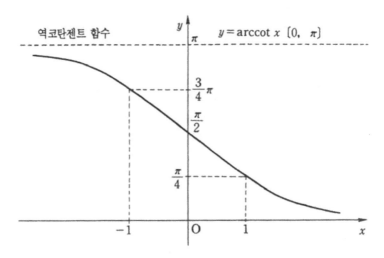

역코탄젠트 함수
$y = \operatorname{arccot} x \; [0, \; \pi]$

시컨트 함수  $y = \sec x$

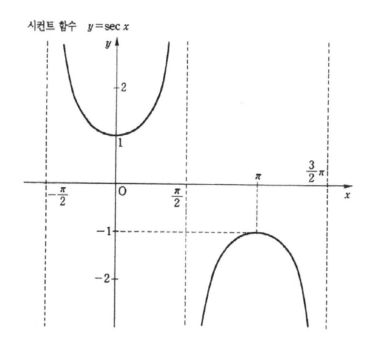

역시컨트 함수  $y = \operatorname{arcsec} x \ [0, \ \pi]$

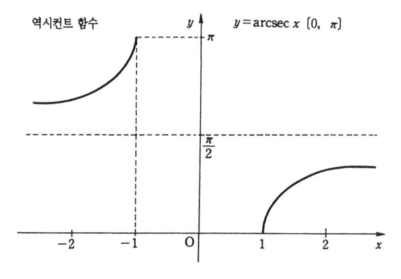

코시컨트 함수　$y = \operatorname{cosec} x$

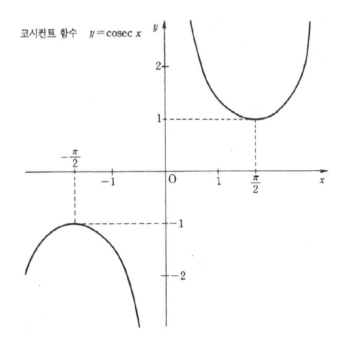

역코시컨트 함수
$y = \operatorname{arccosec} x \left[ -\dfrac{\pi}{2},\ \dfrac{\pi}{2} \right]$

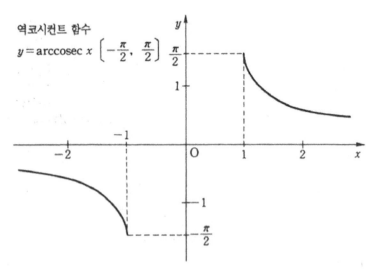

## ■ 4-7 흔들이의 진동과 삼각함수

지금은 그다지 흔하지 않지만 예전의 시계라고 하면 흔들이 시계였다. 흔들이의 등시성(等時性)을 이용한 것이다.

손목시계는 태엽을 이용한 기계식의 것이었다.

그런데 흔들이의 등시성을 발견한 갈릴레오 갈릴레이(Galileo Galilei, 1564~1642)는 이탈리아 사람이다.

그는 피사 대학에서 의학을 공부하고 있을 무렵에 교회의 램프가 흔들리는 것을 보고, 흔들리는 크기에 관계없이 흔들이는 같은 시간에 1회 왕복하는 것(등시성)을 자기 맥박과 비교하여 발견하였다.

1609년에 그는 갈릴레이식 망원경을 발명하여 천체를 관측하여 지동설(地動說)에 찬성하게 되었다.

1589년, 피사 대학의 교수가 되고, 1610년에는 피렌체 공국의 코시모 2세의 초청을 받아, 거기서 수학 연구를 계속하였다.

그러나, 지동설 때문에 1616년, 종교 재판에 회부되어 지동설을 가르치거나 얘기하는 것을 금지당했다.

1632년 『천문학 대화』를 발표하였기 때문에 다시 종교 재판에 회부되어 피렌체 교외의 별장에 감금되었다.

죽은 뒤, 장례식을 올리는 것도 무덤을 쓰는 것도 허용되지 않았다.

그는 피사의 사탑으로부터 무거운 물체와 가벼운 물체를 동시에 떨어뜨려 그때

갈릴레이(1564~1642)

까지 믿어진 「무거운 물체는 가벼운 물체보다 빨리 떨어진다」라는 생각이 틀렸다는 것을 실증하여 두 물체는 무게에 관계없이 동시에 떨어진다는 것을 모두에게 인정시켰다.

그리고, 낙체의 법칙을 만들었다. 다시, 그는 카르다노와 함께 우연히 일어나는 사항을 처음으로 수나 양으로 나타내는 데 성공 하였다. 그 후, 『주사위 도박에 관한 고찰』이라는 책을 출판하였다.

「3개의 주사위를 던졌을 때, 눈의 합이 9가 되는 확률과 눈의 합이 10이 되는 확률은 같지 않다」라는 것을 밝힌 이야기가 특히 유명하다.

이야기가 옆길로 벗어났는데, 시계뿐만 아니라 흔들이는 「등시성」이라는 성질을 가지고 있다.

이 흔들이의 운동을 그래프로 나타내면, 왕복운동인 데서 사인 곡선이나 코사인 곡선으로 나타낼 수 있다.

이 그래프(곡선)를 그리는 법은 앞에서 설명하였는데 흔들이의 운동과 같이 가장 간단한 왕복운동을 「단진동」이라고 한다.

이것은 진동의 중심으로부터의 거리가 시간적으로 사인 함수나 코사인 함수의 모양으로 진동하는 왕복운동이다.

수학적으로는, 진폭 $r$에 상당하는 반지름의 원주에 따라 일정한 각속도 $\omega$로 움직이는 점을 원의 지름 위에 투영한 것이라고 볼 수 있는데, 역학적으로는 단진동의 운동이나 스프링의 탄성 진동과 같이 운동체가 언제나 어떤 정점으로부터의 거리에 비례하는 힘을 받아서 그 정점에 되돌아가는 상태에 놓였을 때, 이런 왕복운동이 된다.

진동의 흔들림이 큰 값을 「진폭」이라고 한다. 이것은 앞에서 설명한 원의 반지름 $r$에 상당한다.

또, 진동이 1회 이루어지는 데 소요되는 시간을 「주기」라고 한다.

$y = \sin x$, $y = \cos x$의 주기는 $2\pi$, 즉 $360°$이고, $y = \tan x$의 주기는 $\pi(180°)$인데, 일반적으로 주기는 $t$ 또는 $T$로 나타내고

있다. $t$나 $T$는 time(시간)을 생략한 것이다.

그리고, 주기 $t$ 또는 $T$의 역수, 즉 $\dfrac{1}{t}$, $\dfrac{1}{T}$ 를 「진동수」라고 해서 일반적으로 그리스 문자의 $\nu$로 나타낸다.

바꿔 말하면, 1초마다 반복되는 진동의 개수(횟수)가 「진동수」이다. 여기에 있는 진폭 $r$, 주기 $t$ 또는 $T$, 진동수 $\nu$가 단진동의 모양을 결정하는 요소이다.

이들 단진동을 각속도 $\omega$로 원운동을 하는 점의 정사영(투영)이라고 보면 다음 관계가 있다.

$$t = \frac{2\pi}{w}, v = \frac{w}{2\pi}$$

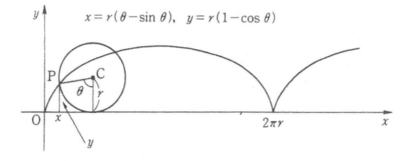

$$x = r(\theta - \sin\theta), \quad y = r(1 - \cos\theta)$$

위 그림은 단진동의 코사인 함수를 그린 것이다. 초기 위상 $\epsilon$, 각속도 $\omega$, 주기 $\dfrac{2\pi}{\omega}$ 로 원운동하는 점 P의 $y$축상의 정사영(투영)을 그린 곡선이다.

이 그림에서 P점의 정사영(투영)은 주기 $\dfrac{2\pi}{\omega}$ 마다 같은 위치에 온다.

## ■ 4-8 허수 단위 $i$와 $\pi$의 접점

대수학은 기하학보다 아주 늦게 나온 학문이다.

이슬람교가 시작되자 겨우 10년쯤 사이에 아라비아 일대가 통일되고(622~632), 그 후 100년 정도 사이에 사라센 대제국이 되었다. 이 나라 사람들이 아라비아인이다.

그들은 종교·상업을 중히 여기는 외에 학문을 크게 장려하였다. 그리고, 그리스·인도의 과학책을 아라비아어로 번역하였다.

아바스 왕조의 알 만수르(754~775년 재위)의 궁정에, 773년 인도의 칸카프라는 학자가 와서 0과 자리 잡기의 원칙이 있는 인도 수학이 아라비아에 전해졌다고 한다.

인도 수학과 그리스 수학이 기초가 되어 9세기에 아라비아 수학이 시작하여 10~11세기에 크게 발전하였다.

아라비아 사람으로 수학을 연구한 무함마드 이븐 무사 알콰리즈미(780경~850경)라는 사람이 있다.

그는 아라비아의 왕 알 마문(813~833년 재위)의 도서 담당을 하고 있었다.

그는 실제적인 계산, 예를 들면 토지의 측량이라든가, 상업상의 계산이든가, 재산의 상속이나 분배 등에 필요한 수학이나 인도와 그리스 수학의 좋은 점을 채택한 수학책을 저술하였다.

그의 이름에서 「알고리즘(alorithm)」이라는 낱말이 생겼다고 한다.

알고리즘이란 「계산의 수순」이라든가 「계산의 절차」를 뜻하며, 최근에는 컴퓨터의 발명으로 다시 각광을 받고 있는 낱말이다.

또, 방정식의 양변에 양의 항을 더함으로써 음의 항을 지울 수 있는데, 이 양의 항을 더하는(보정하는) 것을 「알지브라」라고 해서 여기에서 더 큰 의미를 가진 「알지브라」라는 낱말이 태어났다고 한다.

알지브라에는 「이항(移項)」이라는 뜻이 있다.

알콰리즈미가 사용한 알지브라(algebra)는 「대수학」이라고 번역한다.

인도-아라비아 숫자를 처음으로 유럽에 전한 사람은 프랑스의 제르베르이며, 10세기경이라고 한다.

그는 오베르뉴의 가난한 집안에서 태어나 수도원에서 교육을 받은 후, 에스파냐(스페인)에서 수학을 공부하였으므로, 아라비아 숫자(인도에서 만들어진 숫자)를 알게 되었다.

당시의 스페인은 동서 교류의 접점으로 중국, 인도, 아라비아의 문화가 유입되고 있었다.

아라비아인으로부터 인도의 수학(인도-아라비아 숫자)을 전수받았으므로, 제르베르는 다행하게도 그것을 유럽에 전할 수 있는 기회를 가졌다.

분수는 이미 기원전부터 알려져 있었는데, 소수는 인도-아라비아 숫자가 유럽에 전해지고 나서 10진법으로서 발명된 것이다.

여기서 소수에 대하여 조금 설명한다.

현대와 같이 10진법에 의한 소수를 나타내는 법이 확립되기 전에는 다음과 같은 것이 전해졌다.

네덜란드(나중에 북부는 독립하여 왕국이 되었다)에 시몬 스테빈(Simon Stevin, 1548~1620)이라는 사람이 있었다.

그는 상점에서 일하고 있었는데, 나중에 프로이센, 폴란드 등을 여행하여 네덜란드군의 회계를 다루는 사무를 맡았다. 그리고 1585년에 소수에 대한 책을 출판하였다.

그는 소수 237.578을 237⓪5①7②8③이라고 적고 소수끼리의 사칙, 즉 덧셈·뺄셈·곱셈·나눗셈의 방법에 대해서 썼다. 소수의 기호에 이어 지수의 기호에 대해서 다음과 같이 나타내었다.

$x$를 ①, $x^2$을 ②, $x^3$을 ③, ……과 같이 나타내었다.

조금 탈선하게 되는데, 등호(=)를 현재와 같이 나타낸 사람은 영국의 로버트 레코드(1510~1558)이다.

이것은 그가 1557년에 저술한 대수책 속에서 처음으로 사용하였다.

현재, 소수 부분은 내리읽기(단위를 달지 않는다)로 하고 있는데, 일본에서는 예전(에도시대)의 수학에서는 전부 자리 잡기가 있었다.

소수 제1위를 「할:割」, 소수 제2위를 「푼:分」, 소수 제3위를 「리:厘」, 소수 제4위를 「모:毛」라고 했다. 따라서 0.1234는 「1할2푼3리4모」라고 하였다.

일설에는, 소수 제1위를 「푼」, 소수 제2위를 「리」, 소수 제3위를 「모」로 한 것도 있다. 이것은 인도의 자리 잡기에서 온 것으로 추정된다.

그런데 0과 양, 음의 정수, 소수, 분수를 묶어서 「유리수」라고 하며, $\pi$, $e$, $\sqrt{2}$, …… 등을 묶어 「무리수」라고 한다.

이들 유리수와 무리수를 묶어서 「실수(實數)」라고 하는 것도 알고 있을 것이다.

2차 방정식 $x^2+2x+3=0$을 공식에 맞추어 풀면

$$x=-1\pm\sqrt{1-3}=-1\pm\sqrt{-2}$$

가 되므로, $x=-1\pm\sqrt{-2}$가 해가 된다.

지금까지 $a^2 \geq 0(a는 실수)$이라는 약속이었으므로 $\sqrt{-2}$ 등의 수는 실수 속에는 존재하지 않는다.

그래서, $\sqrt{-1}=i$라고 약속함으로써 $i^2=-1$이 되며, 「제곱하여 음이 되는 수」를 생각해 낸 것이다.

이것이 「$i$의 발견」이라는 것이며, 수에는 실수 외에 「허수(虛數)」가 있다는 것을 알게 되었다.

이렇게 $i$의 약속(정의)이 생기면 $\sqrt{-2}=\sqrt{-1\times2}=\sqrt{-1}\cdot\sqrt{2}$ $=\sqrt{2}i$로 나타낼 수 있고, $\sqrt{-a}\,(a>0)$인 때는 $\sqrt{a}i$라고 고쳐 쓸 수도 있다.

그래서, 실수와 허수를 포함한 수를 「복소수(複素數)」로 하였다. 허수를 「이매지너리 넘버(imaginary number)」라고 하는데, 이것은 수직선(數直線) 상에 나타낼 수 없는 수이다.

실수는 전부 수직선 상에 나타낼 수 있다.

위 그림은 실수를 나타낸 수직선이다.

그럼, 허수는 어떻게 나타내는가, 허수는 가우스 평면(복소평면)상에서 세로축 상에 나타낼 수 있다.

오른쪽 그림의 세로축을 「허축(虛軸)」 또는 「허수축」이라고 한다. 이에 대해서 지금까지의 수직선을 「실축(實軸)」 또는 「실수축」이라고 한다.

이 2개의 직선을 포함하는 평면을 「가우스 평면」 또는 「복소평면」이라고 부른다.

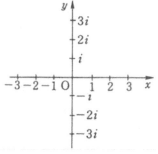

이것은 이 평면상에는 모
든 복소수(실수와 허수를 포
함한)를 나타낼 수 있기 때
문이다.

오른쪽 그림과 같이 1점
2의 좌표를 $(a, bi)$라고 할
때, $z = a + bi$라고 나타내고
이것을 「복소수」라고 한다.

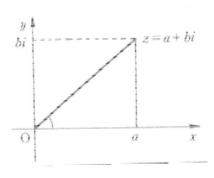

$z = a + bi$에서 $b = 0$인 때, 즉 $z = a$인 때, 이것을 「실수」라고
한다.

또, $a = 0$인 때, 즉 $z = bi$인 때, 이것을 「허수」 또는 「순허수」
라고 한다.

이것에서부터 복소수는 보통의 복소수 $2 + 3i$, $3 - 5i$, …… 외
에 실수 $a$, 허수 $bi$도 모두 포함하게 된다.

여기서 조금 벗어나서 가우스에 대해 얘기한다.

$$1 + 2 + 3 + \cdots\cdots + 40$$

와 같은 등차수열(等差數列)의 합을 간단히 구하는 식을 처음으로
생각해 낸 사람은 계산의 천재 카를 프리드리히 가우스(Karl Friedrich
Gauss, 1777~1855)이다.

그는 1777년 4월 30일, 독일의 브라운슈바이크의 벽돌공 집안
에서 태어났다. 그의 아버지는 가우스를 자기와 같은 벽돌공을 시
킬 작정이었으나, 타고난 머리가 좋아 그의 어머니는 소년 가우스
에게 학문을 가르치기로 하였다.

그가 9살일 때, 선생님이 「1에서 40까지 덧셈을 하라」(앞의 문

제)고 하면서 학생들에게 문제를 냈다.

그런데, 소년 가우스는 즉석에서 「답은 820
입니다」라고 하여 선생님을 놀라게 했다.

그래서, 선생님이 계산 방법을 물었더니
가우스는 「$(1+40) \times 20$으로 하였습니다」
라고 대답하였다.

선생님은 자신도 모르는 계산 방법을 가
우스가 알고 있는 데에 두 번 놀랐다.

가우스(1777~1855)

이것을 현재의 등차수열(arithmetical progression, 약호 AP)의
계산 방법으로 초항 $a$, 이웃끼리의 2개의 수(항)의 차, 즉 공차(公
差)를 $d$라고 하면, 제$n$항 $a_n$은 $a_n = a + (n-1)d$가 되어 초항 $a$
에서 제$n$항, 즉 $a_n = a + (n-1)d$까지의 합 $S_n$은

$$S_n = \{2a + (n-1)d\} \times n \div 2 = (a + a_n) \times n \div 2$$

로 계산할 수 있다.

이 계산 공식을 지금으로부터 200년쯤 전에 무려 겨우 9살의
어린이가 발견하였다.

가우스는 수학, 천문학, 전기학, 자기학 등 다방면에 걸쳐 연구
하여 여러 가지 방법을 발명, 발견하였다.

특히, 천체의 궤도 측정에 대한 연구는 유명하다. 또, 여러 가
지 단위 이름에 가우스의 이름이 붙어 있어서 자기력선속 밀도
단위 「가우스」가 잘 알려져 있다.

그가 여러 가지 연구를 할 수 있었던 것은 당시의 군주 페르디
난드 대공(Prince Ferdinand of Braunshyweich)이 돈을 대준 덕
분이었다.

가우스는 수학을 엄밀화하여 「모든 자연과학은 수학을 기초로 하여 성립되고 있다」라고 생각하였다.

그가 한 유명한 말은 「수학은 과학의 여왕이다」이다.

그런데, 복소수를 $z = x + yi$인 때, $Oz = r$, $\angle zOH = \theta$로 하여 삼각함수를 써서 생각하면

$$\cos\theta = \frac{x}{r}, \quad \sin\theta = \frac{y}{r}$$

가 된다.

양변에 $r$를 곱하면

$$x = r\cos\theta,$$
$$y = r\sin\theta$$

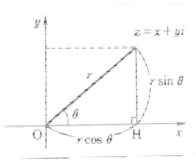

가 된다. 이 값을 $z = x + yi$ 에 대입하면

$$z = x + yi = r\cos\theta + r\sin\theta \cdot i$$

가 되고, 따라서 $z = r(\cos\theta + i\sin\theta)$가 된다.

이런 표시법을 복소수의 「극형식(極形式)」이라고 한다. 그래서, 자연로그의 밑 $e$는

$$e = \lim_{n \to \infty}\left(1 + \frac{1}{n}\right)^n = 2.718281828459045 \cdots\cdots$$

이므로, 전개식을 만들면

$$e^x = 1 + \frac{x}{1!} + \frac{x^2}{2!} + \frac{x^3}{3!} + \cdots\cdots + \frac{x^n}{n!} + \cdots\cdots = \sum_{n=0}^{\infty} \frac{x^n}{n!}$$

$$e^{yi} = 1 + \frac{yi}{1!} - \frac{y^2}{2!} - \frac{y^3 i}{3!} + \frac{y^4}{4!} + \cdots\cdots = \sum_{n=0}^{\infty} \frac{(yi)^n}{n!}$$

$$= \sum_{n=0}^{\infty} \frac{(-1)^n}{(2n)!} y^{2n} + 1 \sum_{n=0}^{\infty} \frac{(-1)^n}{(2n+1)!} y^{2n+1}$$

$$= \cos y + i \sin y$$

가 된다.

그런데, $e^z = e^{x+yi} = e^x \cdot e^{yi}$ 이므로

$$e^z = e^x (\cos y + i \sin y)$$

여기서, $x=0$, $y=\theta$로 놓으면 $e^x = e^0 = 1$, $e^{yi} = e^{\theta i}$가 되므로 $e^{\theta i} = \cos\theta + i\sin\theta$가 된다.

이 등식을 「오일러 공식(Eulerian equality, Eulerian equation)」이라고 한다.

오일러 공식에 $\theta = \pi$를 대입하면

$$e^{\pi i} = \cos\pi + i\sin\pi = -1 + 0i = -1$$

가 된다. 잘 보면 $e^{\pi i} = -1$이 된다.

이것이 $e$, $\pi$, $i$의 관계식이다. 그러므로 이것이 3자의 접점이 된다. 이 식은 2개의 무리수(초월수?) $e$, $\pi$와 허수 단위 $i$와의 단 하나의 관계식이다.

여기서 $\pi i$ 대신에 $-\pi i$를 써도

$$\sin(-\pi) = 0, \ \cos(-\pi) = -1$$

이므로, $e^{-\pi i} = -1$이 되어 2개의 관계식을 하나로 묶으면 $e^{\pm\pi i} = -1$이 된다.

## ■ 4-9 $\pi$는 무리수이다.

앞에서도 설명한 실수의 분류를 다시 생각해 보자.

$$\text{실수}\begin{cases} \text{유리수}(\dfrac{a}{b}\text{의 형태로 표시되는 것}) \\ \text{무리수}(\sqrt{2},\sqrt{3},e,\pi \text{ 등}) \end{cases}$$

이므로, $\pi$는 유리수가 아니므로 $\dfrac{a}{b}$의 형태로 나타낼 수 없다.

그런데, 무리수 $\pi$의 근삿값으로 $\dfrac{22}{7}$나 $\dfrac{355}{113}$가 사용되고 있는 데, 이것은 어디까지나 $\pi$의 근삿값이며, 참값은 아니다.

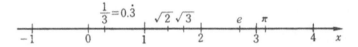

그러나, $\pi$의 참값은 존재하고 있을 것이며, 수직선 상에도 분명히 있다.

새삼스럽게 $\pi$는 수직선 상에 있다는 것을 나타내면, 수직선 상에서는 당연히 3과 4 사이에 들어간다.

자연 로그의 밑 $e$의 조금 오른쪽에 있다.

이 $\pi$값은 기원전에 아르키메데스가

$$3\frac{10}{71} < \pi < 3\frac{1}{7}$$

이라는 것을 발표한 것은 앞에서 설명하였다.

그런데, $\pi$는 무리수이기는 하지만, 방정식의 해는 되지 못하는 데서, 이것은 초월수로 보게 되었다.

무리수는 $\dfrac{a}{b}(b \neq 0)$의 형태로 나타낼 수는 없다.

이것은 기하학의 천재 유클리드 시대보다 앞의 그리스 사람들이 알고 있었다.

왜 그런 일이 기원전 300년 무렵에 알려졌는가 하면, 당시는 기하학과 분수가 분명히 잘 알려졌기 때문에 1변의 길이 1의 정사각형의 대각선 길이 $\sqrt{2}$를 어떻게 나타내는가 하는 것이 문제가 되어 있었기 때문이다.

오른쪽 그림에서 알 수 있는 것처럼, 대각선의 길이는 정수로도 분수로도 나타낼 수 없다.

앞에서도 설명한 것과 같이 컴퓨터 시대가 되어도 마친의 공식이나 오일러의 전개식이 사용되고 있는데, $\pi$의 계산에

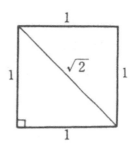

대해서 오일러는 거의 완전한 공식을 남겼는데, 동시에 새로운 문제를 제기하게 되었다.

이것이 대수 방정식의 해가 되지 않는 수, 즉 「초월수」이다.

$\pi$는 유리수가 아니므로 무리수라고 하고 있었는데, 무리수는 대수 방정식의 해가 된다. 예를 들면, $x^2 = 2$의 해는 $x = \pm\sqrt{2}$로 나타낼 수 있다.

그러나, $\pi$는 계수가 유리수인 대수 방정식의 해가 되지 않는다. 이것은 1882년에 린데만이라는 사람이 오일러의 전개 공식을 사용하여 증명하였다.

그렇지 않다고 반론을 제기하는 사람도 있을 것이다.

$x^2 = \pi$라는 방정식을 세우고 $x = \pm\sqrt{\pi}$라고 하면 그것으로 되

지 않는가 하겠지만 이러한 논의는 전문가에게 맡기자.

## ■ 4-10 π가 초월수인 것을 증명한 사람

유리수도 무리수도 아닌 수(물론 허수는 아니고 실수이지만)의 초월수를 올바르게 증명한 사람은 지금부터 100년쯤 전의 덴마크의 수학자 칸토어(Georg Cantor, 1845~1918)이다.

처음에는 세계의 대수학자도 찬성하지 않았다.

그의 논문에 처음으로 찬성한 사람은 데데킨트(W. R. Dedekind, 1831~1916)이다.

데데킨트는 「수는 신이 준 것은 아니다. 인간이 자유롭게 만들 수 있는 것이다」라고 말했다.

그리고, 칸토어는 「수학의 본질은 자유에 있다」라고 말했다.

그 칸토어는 덴마크의 상인의 아들로 레닌그라드(상트페테르부르크)에서 태어났다.

그 후, 독일로 이주하여 하레 대학의 교수가 된 사람이다.

그런데, 칸토어보다 30년 전에 에르미트의 생각($e$가 초월수라는 생각)을 확장하여 $π$가 초월수라는 증명을 한 사람이 있다.

그 사람이 린데만(Ferdinand Lindemann, 1852~1938)이다. 현재는 $e$나 $π$가 초월수라는 것을 의심하는 사람은 한 사람도 없다.

무리수라고 생각한 $π$가 초월수라는 새로운 수로 변신한 것이다.

# 제5장

# $\pi$의 계산 방법은

## ■ 5-1 기원전부터 정다각형을 이용했다

$\pi$의 값은 원주와 지름의 비이므로, 처음 무렵은 당연히 원에 내접 또는 외접하는 정다각형을 이용하여 계산하였다.

그리고, 원의 반지름으로 원주를 잘라가면 정육각형의 꼭짓점을 얻는다.

이것은 기하학 발전의 이른 단계에서 생각했던 사실이다.

그 때문에 아주 옛날에는 원주율은 지름의 약 3배로 쳤다.

일본의 나무꾼도 옛 성서에도 또는 대략 3으로 된다고 되어 있다.

그럼, 이쯤에서 작도를 생각해 보자.

오른쪽 그림처럼 원주를 반지름으로 잘라 가면 꼭 6개로 나눠진다. 이 「꼭」이라는 일치는 신이 준 것이라고 생각했는지도 모른다.

이 정육각형인 경우의 「꼭(just)」이란 것은 전적으로 우연히 발견되었을 것이다.

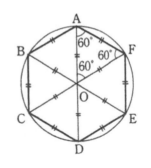

한 바퀴의 각은 360°이고, 정삼각형의 1개의 내각은 60°이다. 현대인에게는 조금도 이상하게 생각되지 않지만, 컴퍼스가 발명되어 이것을 그린 사람은 놀라서 몇 번씩이나 확인했을 것이다.

아마 발견한 사람은 대수학자에 의론하였을 것이다.

이 정육각형의 한 변의 길이를 $\frac{1}{2}$이라고 하면, 원주는 대략 3이면 된다.

그러나, 3보다 조금 길다($\pi > 3$)고 느낄 것이다.

그러면, 변수를 늘려서 내접 정12각형(정12변형)을 그리면 어떻게 되는가 상상하는 것은 누구나 같다.

그래서, 원에 내접하는 정 12각형의 주계산에 도전해 보자.

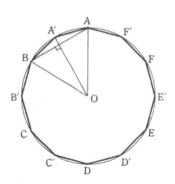

알기 쉽게 하기 위해 그림을 보면서 설명한다.

먼저 맨 아래 그림에서 정12각형의 1개의 변길이를 $x$라고 하고 반지름과 정육각형의 한 변과의 교점을 P라고 한다.

정12각형의 한 변 $x$는 $x = \mathrm{AA'}$ 이므로 $\mathrm{A'P} = y$라고 놓기로 하고, 먼저 $y$의 길이를 구한다.

$\triangle \mathrm{APO}$는 $\angle \mathrm{AOP} = 30\,°$ 이므로

$$\mathrm{AP} : \mathrm{AO} : \mathrm{PO} = 1 : 2 : \sqrt{3}\,\text{가 되어}$$

있다. 따라서 $\mathrm{PO} = \mathrm{AP} \times \sqrt{3} = \dfrac{\sqrt{3}}{4}$

이다.

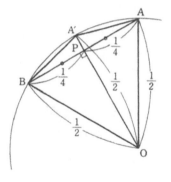

이것에서     $y = \mathrm{A'O} - \mathrm{PO}$

$$= \frac{1}{2} - \frac{\sqrt{3}}{4} = \frac{2 - \sqrt{3}}{4}$$

여기서, $\triangle \mathrm{AA'P}$에 유명한 피타고라스의 정리를 사용하여

$$\overline{\mathrm{A'A}}^2 = x^2 = \overline{\mathrm{AP}}^2 + \overline{\mathrm{A'P}}^2\ \text{로}$$

부터

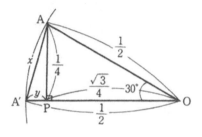

$$x^2 = \left(\frac{1}{4}\right)^2 + y^2 = \frac{1}{16} + \frac{(2-\sqrt{3})^2}{16}$$
$$= \frac{1+4-4\sqrt{3}+3}{16} = \frac{8-4\sqrt{3}}{16} = \frac{4-2\sqrt{3}}{8}$$

그래서 $x = \dfrac{\sqrt{4-2\sqrt{3}}}{2\sqrt{2}} = \dfrac{\sqrt{3}-\sqrt{1}}{2\sqrt{2}} = \dfrac{\sqrt{6}-\sqrt{2}}{4}$

그 때문에 정12각형의 주길이는

$$12x = 3(\sqrt{6}-\sqrt{2}) = 3(2.4495 - 1.4142)$$
$$= 3 \times 1.0353 = 3.1059 \cdots\cdots$$

이것에서 $\pi \fallingdotseq 3.1059 \cdots\cdots$ 이라고 생각했을 것이다.

정12각형에서 소수 제1자리까지 올바르게 되었으므로, 그 후, 정 24, 48, ……로 변의 수를 늘려갔다는 것은 쉽게 상상할 수 있다.

$x$의 계산식 중에는 $\sqrt{4-2\sqrt{3}} = \sqrt{3}-1$으로 계산된 것이 있는데 좀 더 설명해 놓지 않으면 모르는 독자가 있으리라 생각한다.

조금 벗어나서 이에 대해 설명해 둔다.

$\sqrt{a+b\pm2\sqrt{ab}}$ 의 형태의 식을 「이중 근호의 식」이라고 한다. 이것을 간단하게 하기 위하여 $\sqrt{a+b+2\sqrt{ab}} = \sqrt{x}\pm\sqrt{y}$ (복호동순)로 놓고 양변을 제곱하면 $a+b\pm2\sqrt{ab} = (\sqrt{x}+\sqrt{y})^2 = x+y$ $\pm2\sqrt{xy}$ (복호동순)이 되므로 $x+y=a+b$, $xy=ab$가 되는 $x$와 $y$를 찾는 것만으로 된다. 그렇게 어려운 내용은 없다.

요컨대, 2항식의 제곱 전개 공식, 즉

$$(a\pm b)^2 = a^2 \pm 2ab + b^2 \qquad \text{(복호동순)}$$

을 알고 있으면 그 응용에 지나지 않는다.

수학은 기본을 확실히 이해하면 그 응용은 비교적 간단하다.

매년의 연례이지만, 세계에서 수학 실력을 시험하기 위하여 통칭 「수학 올림픽」이라는 모임이 열리는데, 일본인은 기억력에서는 상위권이라고 한다.

그러나, 응용문제가 되면 다소 뒤떨어진다. 기억하고 있어도 그 사용법이 서툴면 명검이라도 쓸모가 없다. 보물을 그대로 썩힌다면 애석한 일이다.

아니 사실은 이해하고 있지 못하다. 기억과 암기는 다르다.

일본인은 기억하지 않고 단지 암기할 뿐이다. 그래서 응용하지 못 한다.

## ■ 5-2 연분수로 계산한 시대

연분수에 의한 $\pi$의 계산은 많은 사람이 도전한 것은 아니고 전개식 쪽이 많이 사용된 것 같다.

연분수의 연구는 카타르디라는 수학자가 시작했다.

앞에서도 설명한 브롱커(1620~1684)의 연분수는 원래 다음과 같았다.

$$\frac{4}{\pi} = 1 + \cfrac{1}{2 + \cfrac{9}{2 + \cfrac{25}{2 + \cfrac{49}{2 + \cfrac{81}{2 + \cdots}}}}}$$

이 식을 유한값으로 계산하여, 먼저 변분수식으로 고치면

$$\frac{4}{\pi} = 1 + \cfrac{1}{2 + \cfrac{9}{2 + \cfrac{25}{2 + \cfrac{49}{2 + \cfrac{81}{2}}}}}$$

이 되므로

$$2 + \frac{81}{2} = \frac{4+81}{2} = \frac{85}{2}, \quad 2 + \frac{49 \times 2}{85} = \frac{170+98}{85} = \frac{268}{85}$$

$$2 + \frac{25 \times 85}{268} = \frac{536+2125}{268} = \frac{2661}{268}$$

$$2 + \frac{9 \times 268}{2661} = \frac{5322+2412}{2661} = \frac{7734}{2661}$$

$$1 + \frac{2661}{7734} = \frac{7734+2661}{7734} = \frac{10395}{7734}$$

이것으로부터 $\pi$값은

$$\frac{4}{\pi} = \frac{10395}{7734} \text{에서} \quad \pi = \frac{4 \times 7734}{10395} = \frac{30936}{10395} = 2.9760 \cdots\cdots$$

가 되므로 자릿수를 많이 잡지 않으면, 여간해서는 3을 넘을 수 없다. 옛날 사람은 계산을 좋아했던 것 같다.

　현대의 젊은이에게는 하찮은 일이라도 옛날 사람은 오락이나 취미로 계산했는지도 모른다.

## ■ 5-3 호도법을 발견한 사람은 누구?

각의 측정법인 호도법(호도, rad)을 생각해 낸 사람 이름은 어느 책에도 적혀 있지 않지만, $\pi$를 사용한 가장 적절하고도 유효한 이 용법을 생각하였다고 생각된다.

앞에서 설명한 대로, 원주상에 반지름과 같은 길이의 호를 그려서 그 호 위에 세운 중심각의 크기를 각의 크기의 단위로 한 것은 아주 머리가 좋은 사람이 우연히 발견했을 것이다.

0의 발견도 수학계뿐만 아니라 전 세계 사람들이 좋아했는데, 그보다도 각 단위에 $\pi$를 이용하는 호도법 발견은 그 뒤의 계산에 박차를 가하여 $\pi$의 자릿수의 연장 경쟁을 의의 있게 했다.

그러나, 0의 발견과 다른 점은 $\pi$의 자릿수를 억의 자리까지 늘린 점이며 단지 기록을 갱신한 것뿐이었다. 「거기에 산이 있기 때문에」 경쟁하는 것과 같다.

$\pi$의 자릿수 증가는 인류에게 얼마만큼 공헌할까?

누군가가 이용법을 생각하지 않는 한 기네스북에 남을 뿐이다.

서론은 이쯤 해두고 호도법을 사용하면, 호의 길이 $l$이나 부채꼴의 넓이 $S$는 간단히 구할 수 있다는 것은 앞에서 설명하였다.

중심각 $\theta$라디안을 사용하면 $l = r\theta$, $S = \dfrac{r^2\theta}{2}$였다. 이 공식은 매우 편리하다.

## ■ 5-4 전개 공식에 의한 $\pi$의 계산

현재로는 전개 공식에 의한 $\pi$의 계산법이 $\pi$의 자릿수를 늘리는 유일한 방법이 된 것 같다.

앞에서 라이프니츠-그레고리, 오일러, 마친 등 여러 가지 전개 공식 얘기를 하였는데 어느 것이나 일장일단이 있는 것 같았다.

처음의 라이프니츠-그레고리의 식은 형식은 간단하지만, 결점은 수렴성이 늦는 것이었다.

마친과 오일러의 공식은 실용적이고 수렴도 다른 것에 비하여 빠른 것 같지만 필자가 앞에서 계산으로 보인 것같이 10항이나 20항에서는 기원전의 아르키메데스의 것에도 미치지 못했다.

그러나, 일생을 $\pi$계산에 바친 예의 707자리의 값도 컴퓨터로 조사하였더니 528자리보다 아래는 엉터리(조금 실례되는 말이지만) 였다.

그렇지만, 1873년이라는 예전 시대에 일생을 $\pi$계산에 바친 그 끈기에는 고개를 낮추게 된다.

컴퓨터가 발명되지 않았더라면, 지금도 아마 역사상에 빛나는 이름을 남겼을 것이다.

또한, 앞에서 보인 것같이 $\arcsin\dfrac{1}{2}$ 을 사용한 뉴턴의 방법은 비교적 빨리 $\pi$로 수렴하는 것 같으니 실제 문제로서 실용 가치가 있었던 것 같다.

실제로, $\pi$의 근삿값은 3.1416이나 $\dfrac{355}{113}$ 으로 충분하다.

인공위성이나 천문학적인 계산 때 외는 자릿수의 경쟁 등은 전적으로 무의미하게 느껴질 것이다.

## ■ 5-5 그 밖의 유명한 수학자의 계산 공식

수학자가 생각해 낸 $\pi$의 공식을 설명하였다.

여기서, 여러 책을 종합하여 $\pi$의 공식을 들겠다. 참고가 되면 다행이다.

베가(Vega, 1754~1802)가 1789년에 발표한 것은

$$\frac{\pi}{4} = 4\arctan\frac{1}{5} - 2\arctan\frac{1}{408} + \arctan\frac{1}{1393}$$

다음은 오일러-베가(Euler-Vega)의 공식인데

$\pi$의 계산식은 여러 가지가 있다

$$\frac{\pi}{4} = 5\arctan\frac{1}{7} + 2\arctan\frac{3}{79}$$

로 되어 있다.

크라운젠이 발표한 공식은

$$\frac{\pi}{4} = 2\arctan\frac{1}{5} + \arctan\frac{1}{7}$$

로 되어 있다.

러더퍼드(Rutherford, 1798~1871)가 발표한 공식은

$$\frac{\pi}{4} = 4\arctan\frac{1}{5} - \arctan\frac{1}{70} + \arctan\frac{1}{99}$$

이 되어 있다.

유명한 가우스(K. F. Gauss, 1777~1855)가 발표한 공식은

$$\frac{\pi}{4} = 3\arctan\frac{1}{4} + \arctan\frac{1}{20} + \arctan\frac{1}{1985}$$

이고, 다제(Z. Dase, 1804~1861)가 발표한 공식은

$$\frac{\pi}{4} = \arctan\frac{1}{2} + \arctan\frac{1}{5} + \arctan\frac{1}{8}$$

이다. 그 밖에도 비슷한 공식이 차례차례 발표되었는데, 대부분 역탄젠트 함수의 전개식을 사용하고 있다.

그중에는 뉴턴처럼 arcsin$x$를 사용한 사람도 있었다.

## ■ 5-6 $\pi$의 공식과 전개식을 모아 보면

앞에서 설명한 $\pi$의 공식이나 전개식은 여러 가지 있었는데, 한 곳에 모아 보는 것도 의미가 있다고 생각하여 새삼스럽게 적어 보면 다음과 같다.

(1) 라이프니츠(수렴이 늦다)(1673)

$$\pi = 4\left(1 - \frac{1}{3} + \frac{1}{5} - \frac{1}{7} + \frac{1}{9} - \frac{1}{11} + - \cdots\cdots\right)$$

(2) 오일러(컴퓨터에 사용한)(1707~1783)

$$\pi = 4\left(\frac{1}{2} - \frac{1}{3 \cdot 2^3} + \frac{1}{5 \cdot 2^5} - \frac{1}{7 \cdot 2^7} + - \cdots\cdots \right.$$
$$\left. + \frac{1}{3} - \frac{1}{3 \cdot 3^3} + \frac{1}{5 \cdot 3^5} - \frac{1}{7 \cdot 3^7} + - \cdots\cdots\right)$$

(3) 허튼(1737~1823)

$$\pi = 12\arctan\frac{1}{4} + 4\arctan\frac{5}{99}$$

(4) 마친(컴퓨터에 사용한)(1706)

$$\pi = 16\arctan\frac{1}{5} - 4\arctan\frac{1}{239}$$
$$= 16\left(\frac{1}{5} - \frac{1}{3 \cdot 5^3} + \frac{1}{5 \cdot 5^5} - \frac{1}{7 \cdot 5^7} + - \cdots\cdots\right)$$
$$- 4\left(\frac{1}{239} - \frac{1}{3 \cdot 239^3} + \frac{1}{5 \cdot 239^5} - + \cdots\cdots\right)$$

(5) 브롱커(1620~84)

$$\frac{\pi}{4} = \cfrac{1}{1 + \cfrac{1}{2 + \cfrac{9}{2 + \cfrac{25}{2 + \cfrac{49}{2 + \cfrac{81}{2 + \cdots\cdots}}}}}}$$

(6) 뉴턴(수렴이 빠르다)(1642~1727)

$$\pi = 6\left(\frac{1}{2} + \frac{1}{2 \cdot 3 \cdot 2^3} + \frac{1 \cdot 3}{2 \cdot 4 \cdot 5 \cdot 2^5}\right.$$
$$\left. + \frac{1 \cdot 3 \cdot 5}{2 \cdot 4 \cdot 6 \cdot 7 \cdot 2^7} + \cdots\cdots\right)$$

(7) 베가(1789)

$$\pi = 16\arctan\frac{1}{5} - 8\arctan\frac{1}{408} + 4\arctan\frac{1}{1393}$$

(8) 오일러-베가

$$\pi = 20\arctan\frac{1}{7} + 8\arctan\frac{3}{79}$$

(9) 크라우젠(1847)

$$\pi = 8\arctan\frac{1}{5} + 4\arctan\frac{1}{7}$$

(10) 가우스(1777~1855)

$$\pi = 12\arctan\frac{1}{4} + 4\arctan\frac{1}{20} + 4\arctan\frac{1}{1985}$$

(11) 다제(1804~1861)

$$\pi = 4\arctan\frac{1}{2} + 4\arctan\frac{1}{5} + 4\arctan\frac{1}{8}$$

(12) 러더퍼드(1841)

$$\pi = 16\arctan\frac{1}{5} - 4\arctan\frac{1}{70} + 4\arctan\frac{1}{99}$$

(13) 샹크스(1853)

$$\pi = 24\arctan\frac{1}{8} + 8\arctan\frac{1}{57} + 4\arctan\frac{1}{239}$$

이 되어 있다.

또한 위에서 든 공식이나 전개식 외에 다음과 같은 공식도 여러 책에 쓰여 있다.

(14) 샤프(1705)

$$\pi = 2\sqrt{3}\left(1 - \frac{1}{3\cdot3} + \frac{1}{5\cdot3^2} - \frac{1}{7\cdot3^3} + - \cdots\cdots\right)$$

(15) 스테르머

$$\pi = 24\arctan\frac{1}{8} + 8\arctan\frac{1}{57} + 4\arctan\frac{1}{239}$$

(16) 가우스(1777~1855)

$$\pi = 48\arctan\frac{1}{18} + 32\arctan\frac{1}{57} - 20\arctan\frac{1}{239}$$

(17) 월리스(1616~1703)

$$\pi = 2 \times \frac{2 \cdot 2 \cdot 4 \cdot 4 \cdot 6 \cdot 6 \cdots\cdots}{1 \cdot 3 \cdot 3 \cdot 5 \cdot 5 \cdot 7 \cdots\cdots}$$

(18) 뉴턴(1642~1727)

$$\pi = \frac{3\sqrt{3}}{4} + 24\left(\frac{1}{3 \cdot 2^2} - \frac{1}{5 \cdot 2^2} - \frac{1}{2 \cdot 7 \cdot 2^8}\right.$$
$$\left. - \frac{1 \cdot 3}{2 \cdot 3 \cdot 9 \cdot 2^{11}} - \frac{163 \cdot 5}{2 \cdot 3 \cdot 4 \cdot 11 \cdot 2^{13}} - \cdots\cdots\right)$$

(19) 오일러(1707~1783)

$$\pi = 2\sqrt{3} \cdot \sqrt{\frac{1}{1^1} - \frac{1}{2^2} + \frac{1}{3^2} - \frac{1}{4^2} + \frac{1}{5^2} - + \cdots\cdots}$$

또한, 일본의 에도시대의 수학자가 생각한 전개식도 있는데, 당시의 일본에는 산용 숫자가 없어서 표현에 상당히 고심하였을 것이다.

그러나 다케베 가타히로(建部賢弘)나 마쓰나가 요시스케(松永良弼)의 전개식이 있는데, 저자에 따라서 다르기 때문에 어느 것을 믿어야 할지 모르겠다.

히라야마(平山) 박사의 『원주율의 역사』에 따르면 다음과 같이 되어 있다.

물론, 현대 수학의 표현법으로 고쳐져 있다.

(20) 마쓰나가 요시스케(1692~1748)

$$\pi = 3\left(1 + \frac{1^2}{4 \cdot 6} + \frac{1^2 \cdot 3^2}{4 \cdot 6 \cdot 8 \cdot 10}\right.$$
$$\left. + \frac{1^2 \cdot 3^2 \cdot 5^2}{4 \cdot 6 \cdot 8 \cdot 10 \cdot 12 \cdot 14} + \cdots\cdots\right)$$

다시 유럽에서 발견된 공식이나 전개식에는 다음과 같은 것이 있다.

(21) 윌리스(1656)

$$\pi = 2 \times \frac{2 \cdot 2 \cdot 4 \cdot 4 \cdot 6 \cdot 6 \cdot 8 \cdot 8 \cdots\cdots}{1 \cdot 3 \cdot 3 \cdot 5 \cdot 5 \cdot 7 \cdot 7 \cdot 9 \cdots\cdots}$$

(22) 슐츠(1844)

$$\pi = 4\arctan\frac{1}{2} + 4\arctan\frac{1}{5} + 4\arctan\frac{1}{8}$$

(23) 베가(1789)

$$\pi = 20\arctan\frac{1}{7} + 8\arctan\frac{3}{79}$$
$$= 8\arctan\frac{1}{3} + 4\arctan\frac{1}{7}$$
$$= 8\arctan\frac{1}{2} - 4\arctan\frac{1}{7}$$

(24) 브제잉거

$$\pi = 32\arctan\frac{1}{10} - 16\arctan\frac{1}{515} - 4\arctan\frac{1}{239}$$

(25) 에스콧(1896)

$$\pi = 8 + 88\arctan\frac{1}{28} + 4\arctan\frac{1}{443}$$
$$- 20\arctan\frac{1}{1393} - 40\arctan\frac{1}{11018}$$

이 밖에도, 발명자가 불명인 $\pi$의 전개식이 많이 있다.

# 제6장

## $\pi$의 전개 공식을 알아본다

## ■ 6-1 탄젠트 함수와 역탄젠트 함수의 복습

탄젠트 함수는 말할 것도 없이 $y = \tan x$이다.

이것은 앞에서 설명한 것과 같은데, 역탄젠트 함수와 어떤 관계에 있을까?

주치만을 생각하여 양자의 관계를 알아보기로 하자.

다음 페이지의 위 그림은 $y = \tan x$의 그래프이며, 아래 그림은 $y = \tan^{-1} x (y = \arctan x)$의 그래프이다.

그림에서 알 수 있는 것과 같이 $\tan\dfrac{\pi}{6} = \dfrac{\sqrt{3}}{3}$, $\tan\dfrac{\pi}{4} = 1$, $\tan\dfrac{\pi}{3} = \sqrt{3}$가 된다.

따라서,

$$\tan^{-1}\frac{\sqrt{3}}{3} = \frac{\pi}{6}\left(\arctan\frac{\sqrt{3}}{3} = \frac{\pi}{6}\right), \quad \tan^{-1}1 = \frac{\pi}{4}\left(\arctan 1 = \frac{\pi}{4}\right),$$

$$\tan^{-1}\sqrt{3} = \frac{\pi}{3}\left(\arctan\sqrt{3} = \frac{\pi}{3}\right)$$가 되는 것을 알 수 있다.

이들로부터 $\pi$의 전개식은 $\arcsin x$, $\arccos x$도 있는데, $\arctan x$가 많은 것 같다.

여기에 덧붙여, 정다각형의 주계산에서 출발한 $\pi$의 근삿값은 전개 공식을 이용하게 되고 컴퓨터에 의한 $\pi$의 자릿수의 신장은 참으로 경이적이었다.

그런데, 도수법이라고 하는 종래의 각 표시법보다 훨씬 유용한 각의 단위, 라디안(rad, 호도)을 생각한 사람은 훌륭한 발견을 하였다.

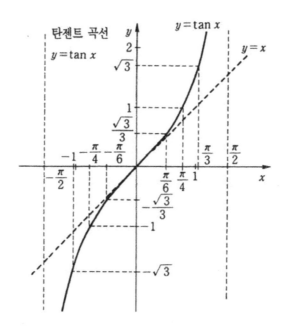

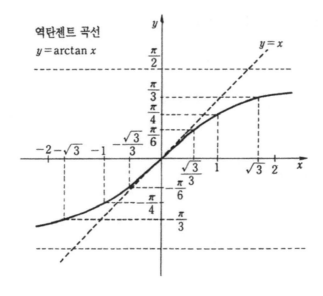

## ■ 6-2 역탄젠트 함수를 사용한 $\pi$의 전개식의 수렴

앞에서 역탄젠트 함수 $y = \arctan x$를 사용한 $\pi$의 전개식을 몇 가지 설명하였는데, 라이프니츠의 공식 또는 그레고리-라이프니츠의 공식이라고 불린

$$\frac{\pi}{4} = \arctan\frac{1}{2} + \arctan\frac{1}{5} + \arctan\frac{1}{8}$$

를 사용한 전개식

$$\frac{\pi}{4} = 1 - \frac{1}{3} + \frac{1}{5} - \frac{1}{7} + \frac{1}{9} - \frac{1}{11} \pm \cdots\cdots$$

은 수렴이 늦는 탓으로 실용으로 쓰이지 않았다.

실제로 300의 항을 잡고 계산한 사람이 있었는데, 소수의 두 자리만 올바르게 $\pi$의 계산을 했고, 2,000년 전의 아르키메데스가 계산한 $\frac{22}{7}$과 같은 정도였다.

오일러 공식

$$\frac{\pi}{4} = \frac{1}{2} - \frac{1}{3}\left(\frac{1}{2}\right)^3 + \frac{1}{5}\left(\frac{1}{2}\right)^3 - \frac{1}{7}\left(\frac{1}{2}\right)^7 \pm \cdots\cdots$$
$$+ \frac{1}{3} - \frac{1}{3}\left(\frac{1}{3}\right)^3 + \frac{1}{5}\left(\frac{1}{3}\right)^3 - \frac{1}{7}\left(\frac{1}{3}\right)^7 \pm \cdots\cdots$$

를 고쳐쓰면

$$\frac{\pi}{4} = \frac{1}{2} - \frac{1}{3 \cdot 2^3} + \frac{1}{5 \cdot 2^5} - \frac{1}{7 \cdot 2^7} \pm \cdots\cdots$$
$$\cdots\cdots + \frac{1}{3} - \frac{1}{3 \cdot 3^3} + \frac{1}{5 \cdot 3^5} - \frac{1}{7 \cdot 3^7} \pm \cdots\cdots$$

가 된다.

$\dfrac{\pi}{4} = 3\arctan\dfrac{1}{4} - \arctan\dfrac{5}{99}$ 를 사용한 전개식에서

$$\frac{\pi}{4} = 4\left\{\frac{1}{5} - \frac{1}{3}\left(\frac{1}{5}\right)^3 + \frac{1}{5}\left(\frac{1}{5}\right)^5 - \frac{1}{7}\left(\frac{1}{5}\right)^7 + - \cdots\cdots\right\}$$
$$- \left\{\frac{1}{239} - \frac{1}{3}\left(\frac{1}{239}\right)^3 + \frac{1}{5}\left(\frac{1}{239}\right)^5 - \frac{1}{7}\left(\frac{1}{239}\right)^7 + - \cdots\right\}$$

로 되어 있는데, 이것도 고쳐 쓰면

$$\frac{\pi}{4} = 4\left\{\frac{1}{5} - \frac{1}{3 \cdot 5^3} + \frac{1}{5 \cdot 5^5} - \frac{1}{7 \cdot 5^7} + - \cdots\cdots\right\}$$
$$- \left\{\frac{1}{239} - \frac{1}{3 \cdot 239^3} + \frac{1}{5 \cdot 239^5} - \frac{1}{7 \cdot 239^7} + - \cdots\cdots\right\}$$

가 된다.

이것은 $2\arctan\dfrac{1}{5} = \arctan\dfrac{5}{12}$ 를 변형하여 사용한 것인데, 마친 자신도 18세기에 100자리까지 올바르게 계산하였다.

또한, 이 마친의 공식을 사용하여 영국 사람 샹크스가 19세기의 후반에 707자리까지 π의 근삿값을 계산하여 얼마동안 유명해졌다. 그런데 앞에서 설명한 것과 같이, 전후에 컴퓨터로 계산한 결과, 527자리까지는 올바르다는 것이 밝혀졌다.

그러나, 컴퓨터를 사용하지 않고, 707자리까지 계산하여 그중 500자리 이상이나 올바르게 계산하였으니 대단한 노력이었다고 생각된다.

필산으로 최고의 자릿수까지 계산한 사람, 그 사람 이름은 물론 샹크스이다.

이 707자리 이야기는 필자의 학생 시절의 은사 야노(失野建太郎) 박사에게서 듣고 놀랐다.

이 밖에 역탄젠트 함수를 사용한 $\pi$의 전개식은 수없이 많지만, 오일러의 급수와 마친의 급수가 실용화되고 있다.

## ■ 6-3 분수와 분수식과 번분수식

$\pi$의 계산에는, 오래된 것으로는 원에 내접 또는 외접하는 정다각형의 주 길이를 계산하여, 그 다각형의 변수(각의 수라도 좋다)를 자꾸 많게 하여 간 방법과 미적분학이 발견된 후의 전개 공식 외에 연분수식이라는 방법이 있었다.

연분수식을 설명하는 데는, 먼저 분수의 설명부터 시작해야 한다.

분수는 기원전부터 있었는데, 현재의 형식이 된 것은 그리 오래된 일이 아니다.

2개의 정수 $a$, $b$를 비 $\dfrac{a}{b}(b \neq 0)$의 형식으로 한 것을 「분수」라고 한다는 것은 누구나 아는 일이다.

분수를 소수로 고치면 유한소수와 무한소수의 2개로 나눠진다. 유한소수가 되는 것은 $\dfrac{1}{5}$, $\dfrac{1}{4}$, $\dfrac{1}{2}$ 등인데, $\dfrac{1}{3}$, $\dfrac{1}{7}$ 등은 어디까지 가도 나누어떨어지지 않는 무한소수가 된다.

그러나, 분수에서 나온 무한소수는 반드시 순환한다.

그것은 $\dfrac{1}{n}$을 소수로 고칠 때, 아무리 $n$이 커도 유한한 값이면 $n$회 나누는 동안에 같은 나머지가 나오므로 거기서부터 순환한다. 그런데, $\sqrt{2}$, $\sqrt{3}$, $e$, $\pi$ 등은 $\dfrac{a}{b}$라는 말쑥한 꼴로 나타낼 수는 없다.

근삿값은 유리수이므로 이것은 별도이다. $\pi$의 근삿값 $\dfrac{22}{7}$, $\dfrac{355}{113}$ 등은 참의 $\pi$값은 아니다.

$\sqrt{2}$와 같은 분수가 아닌 소수도 무한소수인데, 이것은 「무리수」이다. 「분수의 형식으로 하는 것은 무리인 수」라고 기억해 두면 좋다.

서론이 길어졌는데, 다음에 번분수(복분수)에 대하여 설명한다. 이를테면 번분수의 「번(繁)」이라는 글자에는 「많다」든가 「번거롭다」는 뜻이 있다.

$$\cfrac{1}{1+\cfrac{1}{1+2}}, \quad \cfrac{\cfrac{1}{1+2}}{\cfrac{1}{2+3}}$$ 와 같은 분수가 번분수이다.

$\dfrac{2}{x+1}$와 같은 식을 「분수식」이라고 하는데, $\cfrac{1}{x+\cfrac{1}{x}}$ 과 같은 형식의 분수식을 특히 「번분수식」이라고 한다.

물론, 숫자만일 때는 「번분수」라고 하며, 문자가 들어가면 「번분수식」이 된다.

번분수 중에는 분모·분자에 같은 수를 곱하면, 보통의 분수나 때로는 정수가 되는 것도 있다.

번분수식 중에는 $\cfrac{1}{x+\cfrac{1}{x}} = \cfrac{x}{x\left(x+\cfrac{1}{x}\right)} = \dfrac{x}{x^2+1}$ 로써 보통의 분수식으로 고칠 수도 있다.

그런데 문제가 되는 것은 「연분수」이다. 여기에서 연분수에 대하여 설명한다. 분모가 분수를 포함하고, 그 분수의 분모가 다시 분수를 포함하고, ……로 차례차례로 분수로 연결된 분수를 「연분수」라고 한다.

예를 들면 $e = 2 + \cfrac{2}{2 + \cfrac{3}{3 + \cfrac{4}{4 + \cdots}}}$

와 같은 형식을 가진 분수이다.

처음 듣는 사람에게는 어렵게 생각되겠지만, 분수를 연분수의 형식으로 고치는 것은 간단하므로 하나의 예를 적어 본다.

예를 들면, $\dfrac{73}{43}$ 을 연분수로 고치는 데는

$$\frac{73}{43} = 1 + \frac{30}{43} \text{에서} \quad \frac{30}{43} = \frac{1}{\dfrac{43}{30}} = \frac{1}{1 + \dfrac{13}{30}},$$

$$\frac{13}{30} = \frac{1}{\dfrac{30}{13}} = \frac{1}{2 + \dfrac{4}{13}}, \quad \frac{4}{13} = \frac{1}{\dfrac{13}{4}} = \frac{1}{3 + \dfrac{1}{4}}$$

가 되므로

$$\frac{73}{43} = 1 + \cfrac{1}{1 + \cfrac{1}{2 + \cfrac{1}{3 + \cfrac{1}{4}}}}$$

와 같이 나타낸다.

## ■ 6-4 $\pi$와 연분수식

연분수를 알게 된 데서, $\pi$의 전개식을 연분수식으로 나타낸 것을 소개한다.

$$\pi = 3 + \cfrac{1}{7 + \cfrac{1}{15 + \cfrac{1}{1 + \cfrac{1}{292 + \cfrac{1}{1 + \cfrac{1}{1 + \cfrac{1}{1 + \cfrac{1}{2 + \cdots}}}}}}}}$$

여기에서 흥미 위주로 수치의 어떤 부분까지 계산하고 분수로 고치면 어떻게 될까?

처음에는 $\pi = 3 + \dfrac{1}{7} = \dfrac{22}{7}$, 다음에는

$$\pi = 3 + \cfrac{1}{7 + \cfrac{1}{15}} = 3 + \cfrac{1}{\cfrac{106}{15}} = 3 + \cfrac{15}{106} = 3.14150 \cdots$$

가 된다.

다시 그다음을 취하면

$$\pi = 3 + \cfrac{1}{7 + \cfrac{1}{15 + \cfrac{1}{1}}} = 3.14159292 \cdots$$

다음은

$$\pi = 3 + \cfrac{1}{7 + \cfrac{1}{15 + \cfrac{1}{1 + \cfrac{1}{292}}}} = 3.141592653 \cdots\cdots$$

이렇게, $\pi$의 근삿값으로서 참값에 가까워지는 것을 알게 된다.

이 연분수는 스위스의 수학자 요한 하인리히 람베르트(Johann Heinrich Lambert, 1728~1777)에 의해 발표된 것이다.

이어 또 하나 $\pi$의 연분수식을 알아본다.

이것은 영국 학사원의 초대 원장이었던 브롱커(1620~1684)가 월리스(John Wallis, 1616~1703)의 질문에 답한 것이라고 한다.

$$\frac{\pi}{4} = 1 + \cfrac{1}{2 + \cfrac{9}{2 + \cfrac{25}{2 + \cfrac{49}{2 + \cfrac{81}{2 + \cdots\cdots}}}}}$$

가 되어 있다.

월리스는 $\pi$를 해석학적으로 처음으로 연구한 사람이다.

그는 「대수학의 아버지」라고 불린 학자이며, 15살 때, 형이 가지고 있던 한 권의 수학책을 재미있어 보이는 기호에 끌려 금방 이해했다고 한다.

그는 케임브리지 대학을 졸업하고 옥스퍼드 대학 교수가 되었다. 그 무렵, 르네 데카르트(René Descartes, 1596~1650)의 해석기하학책이 출판되었는데, 아주 어려웠기 때문에 월리스는 계통적으로 쉽게 설명한 책 『무한의 산술』을 출판하였다.

그 책 속에 $\pi$의 무한 승적의 최초의 공식이 실려 있었다.
이것은 재미있는 공식이므로 여기에 소개한다.

$$\frac{\pi}{2} = \frac{2}{1} \cdot \frac{2}{3} \cdot \frac{4}{3} \cdot \frac{4}{5} \cdot \frac{6}{5} \cdot \frac{6}{7} \cdot \frac{8}{7} \cdot \frac{8}{9} \cdots\cdots$$

이 식은 어떻게 생각했는지 모르겠는데, 현대의 적분 공식을 사용해서 나타내면

$$\text{정적분} \int_0^1 \sqrt{1-x^2}\, dx = \frac{\pi}{4}$$

와 같은 계산이 될 것이다.

여기에서 $\int_0^1 f(x)dx$라는 기호가 나왔으므로 정적분에 대하여 조금 설명한다.

독자의 대부분은 알고 있겠지만, 만약을 위해 간단히 설명한다.
$F'(x) = f(x)$일 때

$$F(x) = \int f(x)dx + C \qquad (C\text{는 적분상수})$$

이었는데, 오른쪽 그림과 같이

$$S = \int_a^b f(x)dx = F(b) - F(a)\text{가 된다.}$$

이런 적분을 「정적분」이라고 하며, 앞에서 설명한 부정적분에서 적분상수 $C$를 $C = -F(a)$로 바꿔놓고, $F(x)$를 $F(b)$로 고친 것뿐이다.

이것을 함수 $f(x)$의 「$a$에서 $b$까지의 정적분」이라고 한다.

이 $a$에서 $b$까지의 정적분의 값은 곡선 $y = f(x)$와 $x$축 사이의

부분에서 2개의 직선 $x=a$, $x=b$ 사이의 넓이와 같다.

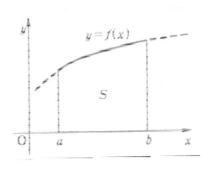

이때도 역시 「$f(x)$를 $a$에서 $b$까지 적분(정확하게는 정적분)한다」라고 말한다.

여기서 $a$을 「하단」 또는 「하한(下限)」이라고 하며, $b$를 「상단」 또는 「상한(上限)」이라고 한다.

물론 적분 기호 $\int$ 의 위에 $b$, 아래에 $a$를 붙이게 된 데서 붙여진 용어이다.

## ■ 6-5 반지름 1의 4분원의 넓이는 $\dfrac{\pi}{4}$

반지름 $r$인 원의 넓이 $S$는 $S=\pi r^2$로 구할 수 있다. 이것은 잘 알려진 공식이다.

여기에서 반지름 $r$을 1이라고 하면

$$S=\pi \times 1^2 = \pi$$

따라서, 반지름 1의 반원 넓이는 $\dfrac{\pi}{2}$, 4분원의 넓이는 $\dfrac{\pi}{4}$로 나타낼 수 있다.

여기에서 정적분을 사용하여 반지름 1의 4분원 넓이를 $S$라고 하면 $S=\displaystyle\int_0^1 \sqrt{1-x^2}\,dx$가 된다.

원의 방정식 $x^2+y^2=1$에서 $y=\sqrt{1-x^2}$가 나온다. 치환 적

분법을 사용하여 $x = \sin t$라고 놓으면

$$dx = \cos t dt$$

가 된다.

$x = 0$인 때, $t_1 = 0$, $x = 1$인 때 $t_2 = \dfrac{\pi}{2}$에서

$$S = \int_0^1 \sqrt{1-x^2}\, dx = \int_{t_1}^{t_2} \sqrt{1-\sin^2 t} \cdot \cos t dt$$

$$= \int_0^{\frac{\pi}{2}} \cos^2 t \cdot dt = \frac{1}{2} \int_0^{\frac{\pi}{2}} (1 + \cos 2t) dt$$

$$= \frac{1}{2} \left[ t + \frac{1}{2} \sin 2t \right]_0^{\frac{\pi}{2}}$$

$$= \frac{1}{2} \left\{ \left( \frac{\pi}{2} + \frac{1}{2} \sin \pi \right) - \left( 0 + \frac{1}{2} \sin 0 \right) \right\}$$

$$= \frac{1}{2} \left( \frac{\pi}{2} + 0 \right) = \frac{\pi}{4}$$

여기서, 결과만을 다시 적으면

$$\int_0^1 \sqrt{1-x^2}\, dx = \frac{\pi}{4}\ \text{가 된다.}$$

이 식의 좌변은 반지름 1의 4분원의 넓이를 구하는 정적분이 되어 버리며, 우변은 같은 4분원 넓이의 값이므로, 직접 등호로 연결해도 된다.

이것으로부터 $\pi = 4 \displaystyle\int_0^1 \sqrt{1-x^2}$ 라는 관계가 성립한다.

이런 적분 공식이 발견되지 않았던 무렵, 월리스는 이항정리를 사용하여 다음의 유명한 공식을 만들어내는 데 성공하였다.

$$\pi = 2 \times \frac{2 \cdot 2 \cdot 4 \cdot 4 \cdot 6 \cdot 6 \cdots\cdots}{1 \cdot 3 \cdot 3 \cdot 5 \cdot 5 \cdot 7 \cdots\cdots}$$

이 무렵은 뉴턴도 라이프니츠도 아직 적분 계산 방법을 발견하지 못하였다.

그러나, 윌리스의 이 공식은 $\pi$를 무한 승적으로 나타내는 것을 찾아낸 점에서는 특기할 만하다. 아르키메데스나 그 밖의 사람들이 하고 있던 정다각형의 계산으로 $\pi$의 값을 계산하는 방법과는 다른 새로운 방식을 나타낸 최초의 공식이었다.

### ■ 6-6 역탄젠트 함수를 사용하여 $\pi$의 식을 생각하자.

역탄젠트 함수의 전개 공식은 다음과 같다.

$$\arctan x = \sum_{n=0}^{\infty} (-1)^n \frac{x^{2n+1}}{2n+1} \quad (|x| \le 1)$$

이 식을 전개하면

$$\arctan x = (-1)^0 \frac{x^1}{1} + (-1)^1 \frac{x^3}{3} + (-1^2) \frac{x^5}{5} + \cdots\cdots$$
$$= x - \frac{x^3}{3} + \frac{x^5}{5} - \frac{x^7}{7} + \frac{x^9}{9} - + \cdots\cdots$$

이 식에서 $x = 1$이라고 두면

$$\arctan 1 = 1 - \frac{1}{3} + \frac{1}{5} - \frac{1}{7} + \frac{1}{9} - + \cdots\cdots$$

가 된다. 그런데, $\tan \frac{\pi}{4} = 1$에서 $\arctan 1 = \frac{\pi}{4}$가 되므로

$$\frac{\pi}{4} = 1 - \frac{1}{3} + \frac{1}{5} - \frac{1}{7} + \frac{1}{9} - + \cdots\cdots$$

따라서

$$\pi = 4\left(1 - \frac{1}{3} + \frac{1}{5} - \frac{1}{7} + \frac{1}{9} - + \cdots\cdots\right)$$

가 된다.

이 식을 총합의 기호 $\sum$를 써서 적으면

$$\pi = 4\sum_{n=0}^{\infty}\frac{(-1)^n}{2n+1}$$

로 나타낼 수도 있다.

이 식을 「라이프니츠(Leibniz) 급수」 또는 「그레고리(Gregory) 급수」라고 하는데, 앞에서도 설명한 것과 같이 수렴성이 늦기 때문에, 실제의 계산이나 컴퓨터 계산에는 사용되지 않는다.

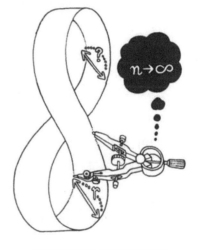

수렴이 늦으면 계산이 어렵다

예전에, 이 공식을 사용하여 계산한 드 라니라는 사람은 「100자리의 올바른 값을 얻는 데는 1050 이상의 항이 필요하다」라고 말했다고 한다.

## ■ 6-7 오일러의 전개 공식을 사용해 보면

라이프니츠-그레고리의 공식은 간단하지만, 앞에서 설명한 마친의 공식도 컴퓨터에 이용되고 있다.

그러나, 뭐니 해도 오일러의 공식(124페이지)이 가장 좋다고 하여 최근에는 많이 사용되는 것 같다.

이 오일러의 공식을 사용하여 $\pi$의 근삿값을 계산해 보는 것도 흥미롭지 않을까. 시험해 보자.

$\tan \dfrac{\pi}{4} = 1 \Rightarrow \arctan 1 = \dfrac{\pi}{4}$ 가 되므로

오일러(1707~1783)

$$\frac{\pi}{4} = \frac{1}{2} - \frac{1}{3 \cdot 2^3} + \frac{1}{5 \cdot 2^5} - \frac{1}{7 \cdot 2^7} \pm \cdots\cdots$$

$$\cdots\cdots + \frac{1}{3} - \frac{1}{3 \cdot 3^3} + \frac{1}{5 \cdot 3^5} - \frac{1}{7 \cdot 3^7} \pm \cdots\cdots$$

이것이 오일러의 전개 공식이다.

이 공식을 조금 길게 적으면

$$\frac{\pi}{4} = \frac{1}{2} - \frac{1}{3 \cdot 2^3} + \frac{1}{5 \cdot 2^5} - \frac{1}{7 \cdot 2^7} + \frac{1}{9 \cdot 2^9}$$

$$- \frac{1}{11 \cdot 2^{11}} \pm \cdots\cdots + \frac{1}{3} - \frac{1}{3 \cdot 3^3} + \frac{1}{5 \cdot 3^5}$$

$$- \frac{1}{7 \cdot 3^7} + \frac{1}{9 \cdot 3^9} - \frac{1}{11 \cdot 3^{11}} \pm \cdots\cdots$$

이 정도로 $\pi$의 근삿값은 몇 자릿수까지 올바르게 계산할 수 있을까?

$$\frac{\pi}{4} = \frac{1}{2} - \frac{1}{24} + \frac{1}{160} - \frac{1}{896} + \frac{1}{4608} - \frac{1}{22528} \pm \cdots\cdots$$

$$+ \frac{1}{3} - \frac{1}{81} + \frac{1}{1215} - \frac{1}{15309} + \frac{1}{177147} - \frac{1}{1948617} \pm \cdots$$

$$= 0.5 - 0.041\dot{6} + 0.00625 - 0.001116071 \cdots\cdots$$
$$- 0.0000443892 \cdots\cdots + 0.\dot{3} - 0.012345679 \cdots\cdots$$
$$+ 0.00082304 \cdots\cdots - 0.0000653210 \cdots\cdots$$
$$+ 0.000005645 \cdots\cdots$$
$$= 0.840412018 \cdots\cdots - 0.0552381268 \cdots\cdots$$
$$= 0.7851638912 \cdots\cdots$$

$$\therefore \pi = 4 \times 0.7851638912 \cdots\cdots$$
$$= 3.1406539648 \cdots\cdots$$

물론, 각 행의 제1항의 합은

$$\frac{1}{2} + \frac{1}{3} + \frac{1}{4} + \frac{1}{5} + \frac{1}{6} + \frac{1}{7} + \cdots\cdots$$

가 되므로, 양의 항의 합은 마구 늘어간다.

그리고, 그 합은

$$0.5 + 0.\dot{3} + 0.25 + 0.2 + 0.1\dot{6} + 0.\dot{1}4285\dot{7}$$
$$= 1.592856 \cdots\cdots$$
$$\pi = 4 \times 1.592856 \cdots\cdots = 6.371424$$

따라서, $\pi$의 값은

$$1.637733294 \cdots\cdots < \pi < 6.371424 \cdots\cdots$$

이것으로부터, 소수 6자리나 9자리를 잡아도 $\pi$의 근삿값은 아르키메데스가 발견한 범위에는 도저히 미치지 못한다.

이런 이유로 옛날 사람 중에는 일생 동안 계산을 한 사람이 있었다.

대단한 노력이랄까, 고생을 한 것이다. 어느 공식을 사용하였는
가 확실하지 않은데, 단지 1시간에 $\pi$의 근삿값을 20자리까지 계산
한 사람이 있었다는 얘기가 전해지고 있지만, 사실 여부는 아무도
모른다.

### ■ 6-8 뉴턴의 공식을 사용하여 계산한다.

오일러의 공식을 사용하여 $\pi$의 근삿값을 계산하여 보았는데,
기원전의 아르키메데스의 것보다 정도(精度)는 상당히 나쁘다는 결
과가 나왔다.

옛날 사람은 끈기가 있어 항의 수를 많이 잡고 계산했음이 틀
림없다.

이번에는 뉴턴의 공식을 사용하여 어느 정도의 근삿값을 계산
할 수 있는가 도전해 보자.

$$\frac{\pi}{6} = \frac{1}{2} + \frac{1}{2 \cdot 3} \cdot \frac{1}{2^3} + \frac{1 \cdot 3}{2 \cdot 4 \cdot 5} \cdot \frac{1}{2^5}$$
$$+ \frac{1 \cdot 3 \cdot 5}{2 \cdot 4 \cdot 6 \cdot 7} \cdot \frac{1}{2^7} + \cdots\cdots$$

이것이 뉴턴의 공식이다.

이 공식은 $\arcsin x$의 전개식에 $x = \dfrac{1}{2}$을 대입하여 만든 것이다.

$$\frac{\pi}{6} = \frac{1}{2} + \frac{1}{6} \times \frac{1}{8} + \frac{3}{40} \times \frac{1}{32} + \frac{15}{1680} \times \frac{1}{128} + \cdots\cdots$$
$$= \frac{1}{2} + \frac{1}{48} + \frac{3}{1280} + \frac{15}{215040} + \cdots\cdots$$
$$= 0.5 + 0.02083 + 0.000069754 \cdots\cdots + \cdots\cdots$$
$$= 0.520803087 \cdots\cdots$$

$$\therefore \pi = 6 \times 0.520903087 \cdots\cdots$$
$$= 3.125418522 \cdots\cdots$$

뉴턴은 14자리까지 계산하였다는 이야기가 남아 있으므로 비교적 간단하며, 더욱이 수렴도 빨랐을 것이 아니었을까.

그러나, 현대의 컴퓨터로는 오일러의 공식이나 마친의 공식을 사용하고 있는 것 같다. 물론 프로그램의 좋고 나쁨이 크게 좌우하기 때문에 많이 고심하고 있는 것 같다.

# 제7장

# $\pi$의 자릿수를 늘리는 경쟁

## ■ 7-1 π의 자릿수의 길이와 근사의 정도

π의 값은 그대로 호도법이라는 각의 측정법으로 발전하여 뜻밖의 곳에 응용되게 되었다.

최근에는 π의 근삿값보다 호도법으로서의 이용 가치 쪽에 무게를 두고 있는 것 같다.

그런데, π의 근삿값도 여러 가지가 있었다. 대표적인 것은 뭐니 해도 다음 4종류가 아닌가 생각된다.

그것은 소수의 3.14, 3.1416과 분수의 $\frac{22}{7}$, $\frac{355}{113}$ 이다.

이들의 소수나 분수의 근삿값은 1930년경의 초등학생은 모두 알고 있었다.

여기서 이들 4개의 π 근삿값과 근사의 정도를 생각해 보자.

먼저, 소수로 고친 편이 비교하기 쉬우므로 분수를 소수로 고친다.

22를 7로 나누면 순환소수가 되어

$$\frac{22}{7} = 3.14285714 \cdots\cdots = 3.1\dot{4}2857\dot{1}$$가 된다.

필자의 계산에 의한 나눗셈이 올바르다고 하면 $\frac{355}{113}$ 는 다음과 같은 순환소수가 된다.

$$\frac{355}{113} = 3.\dot{1}415929203539823008849557522123893805309734513274214798761061946902654867256637168$$

그래서 다음과 같은 부등식이 성립된다.

$$3.14 < \pi < \frac{355}{113} < 3.1416 < \frac{22}{7}$$

여기서 3.14는 소수 2자리까지 맞는 값이고 3.1416은 소수 3자리까지 맞는 값이다.

또, $\frac{22}{7}$는 소수 2자리까지 옳은 값이다.

이들 π의 근삿값에 대해서는 실은 소수 6자리까지 올바른 값이므로 유럽에서 많이 사용된 이유를 잘 알 수 있을 것 같다. 그래서 3.14와 3.1416를 사용하는 것은 근삿값으로서는 단지 1자리만 옳게 계산한 데 지나지 않는다.

오차론으로부터 생각하면 3.14의 경우는 π보다 작은 근삿값으로 $\Delta\pi = 0.0015926535 \cdots$인데, 3.1416의 경우는 보다 큰 근삿값으로 $\Delta\pi = 0.0000073464 \cdots$이 된다.

또, $\Delta\pi$는 π의 절대오차이다.

즉, 3.14는 1000분의 1.6 정도의 오차인데, 3.1416의 경우는 10만분의 1 이하의 오차가 된다.

그래서 3.14보다 3.1416을 사용하는 편이 좋다고 생각된다.

또한 $\pi \fallingdotseq \frac{355}{113}$를 사용한 경우 π보다 큰 근삿값으로 $\Delta\pi \fallingdotseq 0.00000026676 \cdots$이므로, 이 경우에는 100만분의 1 이하의 오차가 된다.

그래서, 흉을 보는 것 같지만 $\frac{22}{7}$라는 근삿값은 π보다 큰 근삿값으로 $\Delta\pi = 0.00126449 \cdots$이 되므로 100분의 1의 오차로 좋게 해석해도 $\dfrac{2}{1000} = \dfrac{1}{500}$ 정도밖에 되지 않는다.

앞으로는 $\pi$의 가장 좋은 근삿값으로서는 $\dfrac{355}{113}$ 를 사용할 것을 권한다.

이 근삿값을 발견한 유럽 사람에게 머리가 수그러진다.

## ■ 7-2 $\dfrac{355}{113}$ 를 발견한 사람

유럽에서 많이 사용되고 있는 $\pi$의 근삿값 $\dfrac{355}{113}$ 는 앞에서 설명한 것과 같이 $\pi$의 참값에 가깝고 오차가 작으므로 가장 좋은 $\pi$의 근삿값이다.

이 분수는 앞에서 계산한 것처럼, 순환소수로서 1개의 순환절의 자릿수가 실로 82자리로 되어 있다.

무한소수에는 유리수와 무리수의 두 가지가 있는데, 유리수는 $\dfrac{a}{b}$($a$, $b$는 모두 정수, $b \neq 0$)의 형식으로 나타낼 수 있는 수이다.

무리수는 $\sqrt{2}$, $\sqrt{3}$ 등과 같이 제곱근으로 제곱근 풀이한 수가 무한으로 이어지고, 또한 무작위의 수나 자연 로그의 밑($e = 2.7182818284590452353 \cdots\cdots$), 원주율($\pi = 3.14159265358979323$ $846 \cdots\cdots$)등으로 되어 있다.

그런데, 최근에는 $\pi$는 유리수도 무리수도 아닌 초월수로 되었다(제4장 참조).

서론이 길어졌는데, $\pi$의 근삿값으로 사용하는 $\dfrac{355}{113}$ 는 옛날 중국의 대수학자 조충지가 발견하였다고 전해진다.

　그 시기는 6세기 무렵이라고 한다. 이것은 유럽에서 발견된 시기보다 10세기나 전의 일이다.

　필자의 상상으로는 대수학자가 있던 옛날 인도에서 발견된 것이 중국에 전해진 것이 아닌가 생각하는데 어떨지? 문헌이 없으므로 사실은 아무도 모른다.

　π의 근삿값 $\frac{355}{113}$이 유럽에서 발견된 것은 16세기의 일이다. 실은 이것도 믿을 수 없다고 생각된다.

　이 무렵이 되자 유럽과 동양, 특히 중국과는 육로인 실크로드 (비단길)를 사용하거나 바다로 왕복할 수 있었기 때문이다.

　그러나, 일설에 의하면 아드리안 메티우스(1527~1607)가 원주율은 분수로 나타내면 $\frac{333}{106}$과 $\frac{377}{120}$ 사이에 있다고 생각했으므로, 그 2개의 분수의 분모끼리, 분자끼리를 더하여 $\frac{355}{113}$이 되었다고 한다.

　이렇게 생각하면, 분모의 합은 $106+120=226$, 분자의 합은 $333+377=710$이 되므로 $\pi \fallingdotseq \frac{710}{226}$이 된다.

　이 분수의 분모, 분자는 모두 짝수이므로 2로 약분하면 $\frac{355}{113}$가 된다.

　이 이야기는 너무 잘 꾸며져 있는 것 같아 사실일지 어떨지 모르겠다.

그러나, 앞에서도 설명한 것같이, $\frac{355}{113}$ 는 $\pi$의 근삿값으로는 최고의 것이라고 필자는 믿는다.

## ■ 7-3 $\frac{22}{7}$ 는 기원전의 것, $\pi$는 몇 자리로 좋은가?

나무를 베어내는 나무꾼은 지금도 나무 둘레를 재서 그 길이를 3으로 나눠서 나무의 지름을 어림한다.

이것은 기원전의 원주율 중에 3, $3\frac{1}{7}$, $3\frac{1}{8}$ 등이 있는 것과 비슷하다.

원주율의 근삿값이 아무리 올바르다고 해도, 오차론에서는 사칙연산은 한쪽만이 아무리 자릿수를 많이 잡아도 무의미하다는 것이 알려져 있다.

한 시대 전까지는 계산자로 설계한 기계가 충분히 제 구실을 하였고 현재도 활약하고 있다.

계산자란 머리 숫자가 1인 때, 4자리까지 계산할 수 있고, 머리 숫자가 2에서 9까지인 때는 3자리까지 계산할 수 있다.

이것은 10을 밑으로 하는 상용로그를 응용한 계산 기구이다. 현재와 같이 손쉽게 가지고 다닐 수 있는 소형 전자계산기(전탁)가 나오기까지는 설계자는 모두 계산자 신세를 졌다.

그러나, 인공위성이나 스페이스 셔틀 시대가 되자 $\pi$의 근삿값도 몇 자리 이상이 아니면 안 되게 되었다.

또한, 컴퓨터가 발명되기까지는 계산자의 기초가 되는 원리인 로그(logarithm)로 천문학적 수치의 계산을 하였다.

이들 계산은 7자리 로그를 사용하였다.

그러나, 보통 계산에서는 π는 3.14나 3.1416이면 충분히 유용하다.

컴퓨터가 사용되는 현대에도 π의 자릿수는 자꾸 늘어나서 그 진보는 참으로 경이적이다.

## ■ 7-4 컴퓨터에 의한 π 자릿수의 신장

기원전에서 19세기까지는 π의 자릿수는 그다지 신장하지 않았는데, 컴퓨터의 발달 개량에 의하여 놀랄 만큼의 속도로 π의 자릿수는 신장하고 있다.

그중에서 몇 가지를 알아보자.

처음으로 컴퓨터로 π 계산이 실시된 것은 1949년이었고 결과는 2,037자리였다.

그때 사용된 컴퓨터 이름은 유명한 진공관식인 ENIAC(에니악)이다.

이것은 컴퓨터의 원조와 같은 것으로 70시간이 걸렸다고 한다.

이때는 마친의 공식

$$\pi = 16\arctan\frac{1}{5} - 4\arctan\frac{1}{239}$$

를 사용하여 프로그래밍되었다.

이어 1958년에 π는 1만 자리까지 계산되었다.

다시 1959년에는 π는 1만 6,167자리까지 계산되고, 계속하여 1961년에는 10만 자리까지 계산되었다.

속속 기록이 갱신되어 1966년에는 25만 자리까지, 1967년에는 무려 50만 자리까지도 계산되게 되었다.

148

그런데, 1988년 3월에는 일본에서 슈퍼컴퓨터를 사용하여 억
단위를 가진 $\pi$의 근삿값이 발표되었다. 이것은 도쿄대학의 카네
다(金田康正) 씨에 의한 것으로 표의 맨 아래 것이다.

컴퓨터를 사용한 $\pi$ 근삿값

| 사용 컴퓨터 | 계산한 나라 | 발표년 | 자릿수 | |
|---|---|---|---|---|
| ENIAC | 미국 | 1949 | △ | 2,037 |
| NORC | 〃 | 1955 | | 3,089 |
| PEGASUS | 영국 | 1957 | △ | 7,480 |
| IBM-704 | 프랑스 | 1958 | | 10,000 |
| 〃 | 〃 | 1959 | | 16,167 |
| IBM-7090 | 영국 | 〃 | | 20,000 |
| 〃 | 미국 | 1961 | | 100,265 |
| IBM-7030 | 프랑스 | 1966 | | 250,000 |
| CDC-6600 | 〃 | 1967 | | 500,000 |
| HITAC-8800 | 일본 | 1974 | | 105,000 |
| 크레이-2 | 미국 | 1986 | | 29,360,000 |
| SX-2 | 일본 | 1987 | | 133,550,000 |
| HITACS-820/80 | 〃 | 1988 | | 201,326,000 |

(주) △표는 정확한 계산값까지

또한, 1989년 6월에는 미국의 컬럼비아 대학 그룹에 의해 4억
8,000만 자리 이상의 $\pi$ 근삿값이 계산되었다는 뉴스가 흘러나왔다.
기록은 자꾸 깨지고 갱신되고 있다.

### ■ 7-5 기원전으로 타임슬립

왜 $\pi$ 자릿수의 경쟁이 계속되는가 생각해 보자.

기원전의 $\pi$는 3이나 분수의 $3\frac{10}{71} < \pi < 3\frac{1}{7}$이라는 것을 발표하였다.

오래된 성서에도 $\pi = 3$이라고 쓰여 있다는 사람도 있다.

이것도 앞에서 설명한 것처럼, 나무꾼은 주위의 길이를 3으로 나눠 지름을 낸다는 것이다.

이 무렵까지는 아무도 경쟁의식은 없었던 것 같다.

그러나, 소수가 발견되었기 때문에 $\pi$의 자릿수 경쟁이 시작되었다고 생각하는 것이 맞는 말이 아닐까.

## ■ 7-6 소수의 발견과 스테빈

소수의 발견자인지 어떤지는 모르겠지만, 네덜란드(나중에 북부는 독립하여 왕국이 된)에 시몬 스테빈(1548~1620)이라는 사람이 있었다.

그는 상점에 근무하였는데, 나중에 프로이센(독일)와 폴란드 등을 여행하고 네덜란드군의 회계를 다루는 일을 하였다. 이것은 앞에서 설명했다.

그는 1585년에 소수에 대한 책을 내어 그중에서 소수 237.578을 237①5①7②8③으로 적고 소수끼리의 덧셈, 뺄셈, 곱셈, 나눗셈, 즉 사칙연산 방법에 대해서도 적었다.

그런데, 기하학보다 대수학이 늦게 발견된 것과 같이 소수는 퍽 늦게 발견되었다.

음의 수가 있다는 것이나 정수(整數), 분수, 소수는 물론, 그 외의 수가 있다는 것을 처음으로 인정한 것은 인도인이라고 한다.

음의 수는 0에 관해서 양의 수와 대칭인 수이다. 1에 대칭인 수는 -1이고, 2에 대칭인 수는 -2, ……인 것이다.

이것은 다음과 같이 수직선을 그리면 잘 알 수 있다.

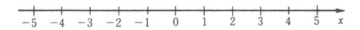

그런데 소수는 분수를 고친 것이므로, 양의 소수는 모두 0과 1 사이에 있는 수이며, 양의 진분수를 고친 것이다.

또한, 음의 소수는 모두 0과 -1 사이에 있는 수이며 음의 진분수를 고친 것이다.

대분수(帶分數)와 같이 대소수(帶小數)는 정수와 소수를 더한 것이다.

그런데 소수는 $\frac{1}{2} = 0.5$, $\frac{1}{5} = 0.2$, $\frac{1}{10} = 0.1$과 같이 분수의 표현을 바꾼 데 지나지 않는다.

그런데, 분수는 기원전부터 있었는데, 소수는 퍽 늦게 그 성질이 뚜렷해졌다.

스테빈이 소수에 관해 출판한 것은 16세기의 후반이니 지금부터 400년 전의 일이다.

물론, 그 이전에도 연구되었고, 인도에서는 일찍부터 소수의 존재를 인정한 것 같지만, 인도-아라비아 숫자(산용 숫자)가 발견되었어도 현재와 같이 128.567로 적지는 않았다.

유럽에 인도-아라비아 숫자가 보급한 10세기 이후에서도 스테빈의 오래된 기수법을 보면 알 수 있다.

128.567은 일본의 에도시대였다면, 필경 백이십팔(百二十八)과 5할6푼7리(五割六分七厘)라고 적었을 테니 스테빈의 기수법과 어딘지 상통하는 데가 있는 것 같다.

지금 상상하면, 음수와 소수 사이의 관계가 현대와 같이 분명히 알려지지 못했음에 틀림없다.

그러나, 고대 수학에서는 소수도 10진수로 1의 $\frac{1}{10}$ 즉 0.1을 「할(割)」,

$\frac{1}{100} = 0.01$을 「푼(分)」, $\frac{1}{1000} = 0.001$을 「리(厘)」, $\frac{1}{10000} = 0.0001$을

「모(毛)」, 그의 또 $\frac{1}{10}$, 즉 $\frac{1}{100000} = 0.00001$을 「사(絲)」, 차례차례로

$\frac{1}{10}$로 한 단위를 「홀(忽)」, 「미(微)」, 「섬(纖)」, 「사(沙)」, 「진(塵)」, 「애 (埃)」, 「묘(渺)」, 「막(漠)」이라고 하고, 그것보다 작은 자리는 「모호 (模湖)」, 「준순(浚巡)」, 「수유(須臾)」, 「순식(瞬息)」, 「탄지(彈指)」, 「찰 나(刹那)」, 「육덕(六德)」, 「허(虛)」, 「공(空)」, 「청(淸)」, 「정(淨)」이 된 다.

모는 1만분의 1, 사는 10만분의 1, 홀은 100만분의 1, 섬은 1 억분의 1, 묘는 1조분의 1이 된다.

마찬가지로 수유는 1경분의 1이 된다.

이들 소수의 표현법은 인도에서 중국을 거쳐 일본에 들어온 것이다.

작은 수의 단위가 나온 김에 일본의 국가 예산이나 인구가 증 가한 현재, 큰 수의 단위도 적어 본다. 무슨 참고가 될지 모른다.

일본에서는 일(一), 십(十), 백(百), 천(千), 만(万), 십만(十万), 백만 (百万), 천만(千万), 일억(一億), 십억(十億), 백억(百億), 천억(千億), 일조(一兆), 십조(十兆), 백조(百兆), 천조(千兆), 일경(一京), 십경(十 京), 백경(百京), 천경(千京)으로 되어 있다.

보다시피, 일본의 큰 단위는 만진법(万進法)인데, 구미의 큰 단 위는 천진법(千進法)이 되어 있어서 1(one), 10(ten), 100(hundred),

152

1000(thousand)에서 100만은 million, 10억은 billion이 되어 있다.

즉, 일본식에서는 숫자가 4개에서 콤마(,)를 붙이는데 현재의 일본은 구미식 표기로 숫자가 3개마다 콤마를 붙인다.

다음에 천 경보다 큰 수의 단위를 적어 보겠다.

천 경보다 큰 수는 10진법으로 해(垓), 자(秭), 양(穰/壤), 구(溝), 간(澗), 정(正), 재(載), 극(極) 등으로 되어 있다.

지금으로부터 700년 전쯤에 원(元)나라의 수학자 주세걸(朱世傑)이 지은 『산학계몽(算學啓蒙)』이란 책에는 극 다음에 항하사(恒河沙), 아승기(阿僧祇), 나유타(那由他), 불가사의(不可思議), 무량(無量), 대수(大數:또는 무량대수) 등 어려운 이름의 큰 자리(단위)가 쓰여 있다.

어려운 내용이므로 표로 설명한다.

이 표에 의하면 10분의 1을 「푼」으로 하고 있고 「할(割)」은 없는데, 어느 것이 맞는지 모르겠다.

표는 $10^n$의 형식의 현대의 표현법과 비교하였으므로 알기 쉽게 되어 있다.

이 표에 있는 $10^3$은 물론 $10 \times 10 \times 10 = 1000$을 나타내는데 $10^{-3}$은 $10^3$분의 1을 나타낸다.

즉, $10^{-3} = \dfrac{1}{10^3} = \dfrac{1}{10 \times 10 \times 10} = \dfrac{1}{1000}$이다.

$\pi$의 근삿값 3.14는 3과 1푼4리이고, 3.1416은 3과 1푼4리1모6사가 된다.

이런 읽는 법을 사용하면 $\pi$의 근삿값은

$$\pi \fallingdotseq 3.145926535$$

로 소수의 10자리까지는 다음과 같은 표시법이 된다.

| | | | | | | |
|---|---|---|---|---|---|---|
| 일 | 一 | | 일 | 一 | |
| 십 | 十 | 10 | 푼 | 分 | $10^{-1}$ |
| 백 | 百 | $10^2$ | 리 | 厘 | $10^{-2}$ |
| 천 | 千 | $10^3$ | 모 | 毛 | $10^{-3}$ |
| 만 | 万 | $10^4$ | 사 | 絲 | $10^{-4}$ |
| 억 | 億 | $10^8$ | 홀 | 忽 | $10^{-5}$ |
| 조 | 兆 | $10^{12}$ | 미 | 微 | $10^{-6}$ |
| 경 | 京 | $10^{16}$ | 섬 | 纖 | $10^{-7}$ |
| 해 | 垓 | $10^{20}$ | 사 | 沙 | $10^{-8}$ |
| 자 | 秭 | $10^{24}$ | 진 | 塵 | $10^{-9}$ |
| 양 | 穰 | $10^{28}$ | 애 | 埃 | $10^{-10}$ |
| 구 | 溝 | $10^{32}$ | 묘 | 渺 | $10^{-11}$ |
| 간 | 澗 | $10^{36}$ | 막 | 漠 | $10^{-12}$ |
| 정 | 正 | $10^{40}$ | 모호 | 模糊 | $10^{-13}$ |
| 재 | 載 | $10^{44}$ | 준순 | 浚巡 | $10^{-14}$ |
| 극 | 極 | $10^{48}$ | 수유 | 須臾 | $10^{-15}$ |
| 항하사 | 恒河沙 | $10^{52}$ | 순식 | 瞬息 | $10^{-16}$ |
| 아승기 | 阿僧祇 | $10^{56}$ | 탄지 | 彈指 | $10^{-17}$ |
| 나유타 | 那由他 | $10^{60}$ | 찰나 | 刹那 | $10^{-18}$ |
| 불가사의 | 不可思議 | $10^{64}$ | 육덕 | 六德 | $10^{-19}$ |
| 무량대수 | 無量大數 | $10^{68}$ | 허 | 虛 | $10^{-20}$ |
| | | | 공 | 空 | $10^{-21}$ |
| | | | 청 | 清 | $10^{-22}$ |
| | | | 정 | 淨 | $10^{-23}$ |

인도의 명수법

「3과 1푼4리1모5사9홀2미6섬5사3진5애」가 되어 소수에 하나 하나 단위를 붙여 읽는다면 큰일이다.

이것에서 현대의 일본 소수는 「내리읽기」로 하여 「3점1415926535」로 부르고 있다.

큰 수나 작은 수의 단위는 인도의 불교 경전에 연유한다고 한다. 그중에 「항하사(恒河沙)」는 참으로 인도의 큰 강 갠지스의 모래 수를 나타낸다고 한다.

1극(極)은 1의 다음에 0이 48개나 붙는 정수이다.

우주 시대가 된 지금, 지수를 사용하면 아무리 큰 수라도 간단히 나타낼 수 있다.

또한, 일본의 국가 예산도 조(兆)로는 부족하여 경(京)을 곧 쓰게 될 것 같다.

이대로 가면 21세기에는 어떤 큰 단위를 사용하게 될지 궁금하다.

그런데 $\pi$, $e$, $\sqrt{2}$, $\sqrt{3}$ 등은 무한소수인데 이들은 모두 무리수이다.

분수를 소수로 고친 것은 전부 순환소수가 된다.

앞에서 설명한 것처럼, $\dfrac{22}{7}$ 도 $\dfrac{355}{113}$ 도 순환하였다.

이것도 또한 앞에서 설명한 것인데, 아무리 분모가 커도 $\dfrac{a}{n}$ ($a$와 $n$은 서로소(素))라는 분수는 $n$회 나눗셈을 하면, 아마도 $n$회째에는 같은 나머지가 나오므로 순환소수가 된다.

이렇게 분수에서 나온 무한소수를 「유리수」라고 한다.

$\pi$와는 관계가 없지만, 내친김에 순환소수를 분수로 고치는 방법을 적어 둔다.

$$0.3333\cdots\cdots=0.\dot{3}=\frac{3}{9}=\frac{1}{3}$$

$$0.1212\cdots\cdots=0.\dot{1}\dot{2}=\frac{12}{99}=\frac{4}{33}$$

$$0.23434\cdots\cdots=0.2\dot{3}\dot{4}=\frac{234-2}{990}=\frac{232}{990}=\frac{116}{495}$$

$$2.\dot{3}=2+0.\dot{3}=2+\frac{3}{9}=2+\frac{1}{3}=2\frac{1}{3}$$

가 된다.

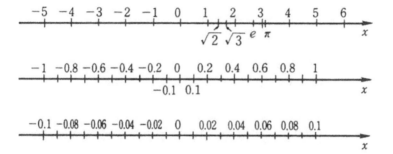

## ■ 7-7 컴퓨터에 사용하는 전개 공식

지금으로부터 40년쯤 전에 처음으로 컴퓨터에 의해서 $\pi$의 근 삿값이 계산되었다.

그때 사용한 공식이 마친의 공식이었던 것은 앞에서 설명한 대로이다.

$$\pi=16\arctan\frac{1}{5}-4\arctan\frac{1}{239}$$

이라는 것이 마친의 공식이다.

그런데, 네덜란드의 루돌프 반 코렌이 $\pi$의 값을 20자리까지 계산한 것이 지금으로부터 400년이나 옛날 일이며, 일본에서는 에도시대의 초기에 해당한다.

이 350년쯤 사이에 20자리에서 급속히 자릿수가 늘어서 2,000자리 이상으로 되었다.

지금으로부터 100년 전에 707자리까지(실은 527자리까지 정확하다) 계산한 사람은 윌리엄 샹크스였다. 그것은 1873년의 일이었다.

그 후, 전개 공식도 새로 고안되어, 현재로는

$$\pi = 24\arctan\frac{1}{8} + 8\arctan\frac{1}{57} + 4\arctan\frac{1}{239}$$

라는 식을 사용한다.

이 공식을 사용하면 10만 자리 이상도 정확한 $\pi$의 근삿값을 계산할 수 있다고 한다.

이런 전개식을 생각해 낸 사람은 선배들의 많은 전개식을 참고로 하여 생각해 냈다고 생각된다.

결론으로는 자릿수의 신장이 가속된 것 같고, 앞에서 소개한 아사히신문의 기사처럼 억을 넘는 자릿수까지 이르렀다.

또한, 1989년 7월에 앞에서 나온 일본의 가네다(金田康正) 씨가 5억 3,687만 자리, 9월에는 콜롬비아 대학이 10억 1119만 6691자리까지 $\pi$의 근삿값을 계산하였으므로 기네스북도 일찍이 고쳐 쓸 필요가 있을 것 같다.

무엇 때문에, 무슨 필요가 있어서라고 생각하는 사람이 있겠지만 컴퓨터의 성능을 조사하는 데 $\pi$의 근삿값 계산은 가장 알맞다. 그것은 전개식이 있고, 자릿수를 얼마든지 신장할 수 있기 때문이다.

## ■ 7-8 전개 공식에 $\arctan x$가 잘 사용된다.

조금 전문적인 얘기가 되는데, $\arctan x$를 사용한 $\pi$의 전개식이 많으므로 그에 대해서 설명한다.

그 기초적인 것으로 삼각함수와 역삼각함수의 관계, 미분법에 관한 여러 가지 성질이나 공식에 대해서 알아보자.

음함수 또는 역함수의 미분법에 의하면 $\dfrac{dy}{dx} = \dfrac{1}{\dfrac{dx}{dy}}$ 이 성립한다.

또한, 삼각함수의 가장 중요한 공식은

$$\sin^2\theta + \cos^2\theta = 1, \quad \tan\theta = \frac{\sin\theta}{\cos\theta}$$

이다. 몫의 미분법은

$$\left\{\frac{f(x)}{g(x)}\right\}' = \frac{f'(x) \cdot g(x) - g'(x) \cdot f(x)}{\{g(x)\}^2}$$

이 되어 있다.

이들 기본 성질을 사용함으로써 $y = \arctan x$를 미분할 수 있다.

$y = \arctan x$로부터 $x = \tan y$이다.

$$\frac{dy}{dx} = \frac{1}{\dfrac{dx}{dy}} = \frac{1}{\dfrac{d\tan y}{dy}} \qquad \text{그런데}$$

$$\frac{d\tan y}{dy} = \frac{d}{dy} \cdot \frac{\sin y}{\cos y}$$
$$= \frac{(\sin y)' \cdot \cos y - (\cos y)' \cdot \sin y}{\cos^2 y}$$

$$= \frac{\cos y \cdot \cos y - (-\sin y) \cdot \sin y}{\cos^2 y}$$

$$= \frac{\cos^2 y + \sin^2 y}{\cos^2 y} = 1 + \frac{\sin^2 y}{\cos^2 y}$$

$$= 1 + \left(\frac{\sin y}{\cos y}\right)^2 = 1 + \tan^2 y$$

$$= 1 + x^2 \ (-\infty < x < \infty)$$

이것을 정리하면

$$(\arctan x)' = \frac{1}{1 + x^2} \ (-\infty < x < \infty)$$가 된다.

따라서 $(x^n)' = nx^{n-1}$을 사용하여

$(\arctan x)''$
$$= \frac{d}{dx}(1 + x^2)^{-1} = -(1 + x^2)^{-2} \cdot 2x = \frac{-2x}{(1 + x^2)^2}$$

$(\arctan x)'''$
$$= -2(1 + x^2)^{-2} + (-2)(1 + x^2)^{-3}(+2x)(-2x)$$
$$= -\frac{2}{(1 + x^2)^2} + \frac{8x^2}{(1 + x^2)^3} \cdots\cdots$$

이렇게 차례차례 미분하면

$$\frac{d^n \arctan x}{dx^n}$$
$$= (n-1)! \cos^n y \cdot \sin n\left(y + \frac{\pi}{2}\right) \ (y = \arctan x)$$
$$= (n-1)! \cos^n \arctan x \cdot \sin n\left(\arctan x + \frac{\pi}{2}\right)$$

단, $y = \arctan x$는 $x$라는 수치를 탄젠트로 갖는 주치의 각이다. 이런 일로부터 $\arctan x$의 전개식을 총합의 기호 $\Sigma$(시그마)를 사용하여 적으면

$$\arctan x = \sum_{n=0}^{\infty} (-1)^n \frac{x^{2n+1}}{2n+1} \quad (|x| \leq 1)$$가 된다.

이 식을 전개한 것은 앞에서도 설명한 것처럼

$$\arctan x = (-1)^0 \frac{x^1}{1} + (-1)^1 \frac{x^3}{3} + (-1)^2 \frac{x^5}{5}$$
$$+ (-1)^3 \frac{x^7}{7} + \cdots\cdots + (-1)^k \frac{x^{2k+1}}{2k+1} + \cdots\cdots$$
$$= x - \frac{x^3}{3} + \frac{x^5}{5} - \frac{x^7}{7} \pm \cdots\cdots + (-1)^k \frac{x^{2k+1}}{2k+1} + \cdots\cdots$$

이 식에 $\tan 45° = \tan \dfrac{\pi}{4} = 1$을 대입하면

$$\arctan 1 = 1 - \frac{1}{3} + \frac{1}{5} - \frac{1}{7} + \frac{1}{9} - \frac{1}{11} + - \cdots\cdots$$
$$\cdots\cdots + (-1)^k \frac{1}{2k+1} + \cdots\cdots \ \text{에서}$$

$$\frac{\pi}{4} = 1 - \frac{1}{3} + \frac{1}{5} - \frac{1}{7} + \frac{1}{9} - \frac{1}{11} + - \cdots\cdots$$
$$\cdots\cdots + (-1)^k \frac{1}{2k+1} + \cdots\cdots \ \text{에서}$$

이 식을 $\Sigma$ 기호를 사용하여 적으면 유명한 라이프니츠-그레고리의 공식이 된다.

$$\frac{\pi}{4} = \sum_{n=0}^{\infty} \frac{(-1)^n}{2n+1}$$

앞에 설명한 것처럼, 이 급수는 수렴이 늦어 사용할 수 없으므로, 그 후 여러 수학자가 생각하여 수렴이 빠른 마친이나 오일러의 공식에 의하여 필산으로 계산하거나 컴퓨터로 계산하여 $\pi$의 자릿수를 많게 하고 있다.

그러나, 50항이나 100항의 계산에서는 도저히 무리하다.

옛날, 원에 내접하는 정다각형을 변수는 $2^{30}$개의 변을 갖는 정다각형의 둘레를 계산하였는데, $2^{30}$을 로그 계산에 의해 산출해 보면 $x = 2^{30}$이라고 놓고 양변의 로그를 잡으면

$$\log_{10}x = 30\log_{10}2 = 30 \times 0.3010 = 9.030$$

이것에서 진수 $x$를 내면 $x = 1,070,000,000$이다. 실은 정10.7억 각형이 된다.

이런 까닭으로, 샹크스든 컴퓨터든 전개 공식의 항수는 한없이 계속되어 컴퓨터의 산술 계산은 아마 수십억 회에나 미친다고 추정된다.

또, 컴퓨터의 계산은 2진법이니, 이것을 10진법으로 고쳐서 출력하기 위해서는 다시 몇 시간이 더 걸리리라고 예상된다.

## ■ 7-9 2진법과 컴퓨터의 보급

우리가 일상적으로 사용하는 인도-아라비아 숫자(산용 숫자)는 「10진법」 또는 「10진수」라고 하는 숫자이다.

이 숫자는 0에서 9까지의 10개의 숫자를 사용하여 아무리 큰

수라도, 또한 아무리 작은 수(소수)라도 나타낼 수 있다.

그리고, 10진수는 음수에서 소수·분수까지 모든 실수(유리수와 무리수)를 나타낼 수 있다.

또, $a+bi$ 같은 복소수도 나타낼 수 있다.

여기에서 보인 $i$는 「허수 단위」라고 해서 $i^2 = -1$, $i = \sqrt{-1}$ 을 나타낸다.

인도-아라비아 숫자는 옛날 인도의 수학자 아리아바타(Aryabhata), 브라마굽타(Brahmagupta), 바스카라(Bhaskara) 등에 의하여 발견된 것이며, 아라비아, 에스파냐(스페인)를 거쳐 유럽 전토에 퍼진 숫자이다.

이것은 앞에서 설명하였는데, 이 숫자가 일본에 들어온 것은 메이지(明治) 이후의 일이다.

0을 받아들여 자리잡기나 공위(空位)를 나타내는 독특한 방법은 다른 나라의 어느 숫자보다도 뛰어났으므로 지금은 세계에서 사용하고 있다.

$\pi$의 자릿수가 20자리에서 707자리로 진척되고, 현재에는 자릿수가 억을 넘는 것도 인도-아라비아 숫자의 발견에 힘입은 바가 크다.

그중에서도 0의 발견은 위대한 것이다. 0이 인도에서 발견되었을 무렵, 처음에는 0으로 적었다. 이 0은 태양을 나타낸 것이라고 한다.

그 뒤, 점차 개량되어 현재의 모양이 되었다.

0을 「제로」라고 말하는 방식은 이탈리아어의 zero에서 시작한 것인데, 지금은 전 세계에서 「제로」라고 부른다.

조금 탈선하였는데 탈선한 김에 $n$진법에 대해서 알아보자.

숫자에는 10진법 외에 5진법, 12진법, 20진법, 60진법 등 여러 가지 표시법이 있다.

영국의 야드-파운드법은 12진법이다.

연필 등의 개수를 나타내는 수는 12개를 「다스(one dozen)」라고 하며 12다스를 「1그로스(one gross)」 등으로 지금도 말한다. 이것도 12진법이다.

그 밖에 60진법은 시간·시각·각도 등에 현재도 널리 사용된다.

5진법, 10진법, 20진법 등은 사람의 손발로부터 생각되고, 12진법, 60진법은 약수가 많은 데서 분할하기 편리하여 고안된 것이라고 생각된다.

본론으로 되돌아가서, 컴퓨터에 사용되는 숫자는 2진법인데, 이 2진법에서는 1과 0의 2개의 숫자로 아무리 큰 수도 나타낼 수 있다.

그 대신에 자릿수가 자꾸 커지므로 필산에 사용하는 것은 무리이다.

그러나 컴퓨터라면 자릿수가 커지는 것은 거의 무관계하다. 전기는 점·멸한다. 이 성질을 이용하여 점을 1, 멸을 0으로 하거나, 1을 on(온), 0을 off(오프)로 하면 된다.

또, 교류의 전류는 「헤르츠」라고 해서 1초간에 수천, 수만으로 전기적으로 플러스와 마이너스를 반복하므로 컴퓨터에 사용하기 좋다.

우리가 사용하는 10진수를 2진수로 고치는 것은 번거로울 것 같으나 그렇지도 않다.

예를 하나 든다.

이 나눗셈으로 10진수의 1988을 2진수로 고치면 11111000100이 된다. 그런데 이 표시법은 틀림없을까?

오른쪽 나눗셈에서 알 수 있는 것과 같이 10진수를 몇 번이나 10으로 나눈 나머지를 아래로부터 1, 9, 8로 배열하면 1988이 된다.

그 이유는 간단히 설명한다.

```
2) 1988
2)  994 ······ 0
2)  497 ······ 0
2)  248 ······ 1
2)  124 ······ 0
2)   62 ······ 0
2)   31 ······ 0
2)   15 ······ 1
2)    7 ······ 1
2)    3 ······ 1
      1 ······ 1
```

$$1988 = 1000 + 900 + 80 + 8$$
$$= 1 \times 10^3 + 9 \times 10^2 + 8 \times 10^1$$
$$+ 8 \times 10^0 \ (10^0 = 1)$$

```
10) 1988
10)  198 ······ ⑧
10)   19 ······ ⑧
       ① ······⑨
```

이 되므로, 2진법에서는

$$1988 = 1 \times 2^{10} + 1 \times 2^9 + 1 \times 2^8 + 1 \times 2^7 + 1 \times 2^6 + 0 \times 2^5$$
$$0 \times 2^4 + 0 \times 2^3 + 1 \times 2^2 + 0 \times 2^1 + 0 \times 2^0$$
$$= 2^{10} + 2^9 + 2^8 + 2^7 + 2^6 + 2^2$$
$$= 1024 + 512 + 256 + 128 + 64 + 4$$
$$= 1988$$

이 된다.

그럼, 우리가 사용하는 10진수를 2로 몇 번이나 나눗셈하고 나서 2진수로 고치려면 번거롭다.

그래서 간단히 고치는 법을 두 가지 보인다.

처음 고치는 법은 10진수를 8진수로 고치고 나서 2진수로 고치는 방법이다.

8진수는 0, 1, 2, 3, 4, 5, 6, 7까지의 8개의 숫자가 있으면 되므로, 처음에 0에서 7까지의 8개의 숫자를 2진수로 고치고 출발한다.

| 8진수 | 0 | 1 | 2 | 3 | 4 | 5 | 6 | 7 |
|---|---|---|---|---|---|---|---|---|
| 2진수 | 000 | 001 | 010 | 011 | 100 | 101 | 110 | 111 |

이 표와 같이 $8=2^3$에서 모두 3자리로 고칠 수 있다.

그래서, $1988 \div 8$의 계산을 한다.

1988은 8진수로 고치면 3704가 된다.

여기서 표의 2진수를 대입하면

$$
\begin{array}{r}
8)\underline{\ 1988} \\
8)\underline{\ \ 248} \cdots\cdots ④ \\
8)\underline{\ \ \ 31} \cdots\cdots ⓪ \\
③ \cdots\cdots ⑦
\end{array}
$$

$$1988 \Rightarrow 3704 \Rightarrow 011, 111, 000, 100$$

머리의 0을 떼어내면 10진수의 1988은 2진수로 11111000100 가 되는 것을 알게 된다.

다음에는 16진법을 사용하여 1988을 2진수로 고쳐 보자.

그런데, 고대 그리스에서는 상형 문자를 사용하였다.

그 무렵의 숫자는 알파벳의 $\alpha$(알파), $\beta$(베타), $\gamma$(감마), $\delta$(델타), $\epsilon$(엡실론), ……을 1, 2, 3, 4, 5, ……로 사용하였다.

그 때문에 영어의 알파벳(alphabet)은 처음에는 「알파베타」라고 하였는데, 현재는 a, b, c, ……, x, y, z를 「알파벳」이라고 한다. 물론, 대문자도 있다.

여기서는 $\alpha$, $\beta$, $\gamma$보다 A, B, C 쪽이 알기 쉽기 때문에 아래 표와 같이 약속한다.

$16=2^4$이므로 0에서 15까지를 4자리로 나타내면 다음과 같이 된다.

| 10진수 | 0 | 1 | 2 | 3 | 4 | 5 | 6 | 7 |
|---|---|---|---|---|---|---|---|---|
| 기호 | O | A | B | C | D | E | F | G |
| 2진수 | 0000 | 0001 | 0010 | 0011 | 0100 | 0101 | 0110 | 0111 |

| 8 | 9 | 10 | 11 | 12 | 13 | 14 | 15 |
|---|---|---|---|---|---|---|---|
| H | J | K | L | M | P | R | S |
| 1000 | 1001 | 1010 | 1011 | 1100 | 1101 | 1110 | 1111 |

여기서 1988÷16을 계산하면

$$1988 \Rightarrow ⑦⑫④ \Rightarrow GMD$$

$$0111, 1100, 0100$$

가 되고, 머리의 0을 떼어내면

$$1988 \Rightarrow 11111000100$$

가 되므로, 16진법을 사용하면 더욱 간단하
게 된다.

```
16) 1988
16)  124 …… ④
      ⑦ …… ⑫
```

16진법의 숫자를 사용할 때는 우리가 일상 사용하는 산용 숫자
0~9를 사용하여 다음과 같이 나타내는 사람도 있는데 어느 쪽이
좋은지 잘 모르겠다. 참고로 표에 보이겠다.

| 10진수 | 0 | 1 | 2 | 3 | 4 | 5 | 6 | 7 |
|---|---|---|---|---|---|---|---|---|
| 16진수 | 0 | 1 | 2 | 3 | 4 | 5 | 6 | 7 |
| 2진수 | 0000 | 0001 | 0010 | 0011 | 0100 | 0101 | 0110 | 0111 |

| 8 | 9 | 10 | 11 | 12 | 13 | 14 | 15 |
|---|---|---|---|---|---|---|---|
| 8 | 9 | A | B | C | D | E | F |
| 1000 | 1001 | 1010 | 1011 | 1100 | 1101 | 1110 | 1111 |

여러 가지 기초를 만들어 $32=2^5$로 나눗셈을 하여 각 기호를 5

자리로 나타내 두면 훨씬 큰 수라도 쉽게 2진법으로 고칠 수 있다.

계산을 좋아하는 사람은 해보면 좋다.

## ■ 7-10 컴퓨터로 $\pi$의 근삿값을 계산한다.

앞에서 설명한 것처럼, 원주율 $\pi$의 근삿값은 기원전에서부터 다루어졌고 그 계산이 이루어졌다.

그 방법으로서는 처음에 원에 내접·외접하는 정다각형의 변수를 크게 하여 계산한 것 같다. 그 후 연분수를 사용한 사람도 있었다.

그러나, 최근에 와서 $\pi$의 전개 공식을 사용하여 $\pi$의 근삿값을 계산하게 되었다.

여기에서는 컴퓨터로 계산하기로 한다.

그런데, 난수표 등을 사용하여 $\pi$의 근삿값을 수억 자리까지라도 계산하는 방법은 들은 바로는 미국의 특허가 되어 있다고 하니 이 책에서는 일반적으로 알려진 전개 공식을 사용하여 $\pi$의 근삿값을 10자리 이상 구하는 프로그램을 소개한다.

여기서 설명하는 프로그램은 필자의 모교인 도쿄 이과 대학의 교수이고 일본 수학 교육 학회의 회장을 겸하고 있는 마쓰오(松尾好知) 선생님에게 부탁하여 그 대학의 정보 처리 센터의 우치다(內田好) 선생님이 실험적으로 만든 것이다.

이 실험은 PC9801로 N88BASIC이라는 프로그램 언어를 사용한 것이며, 16비트머신 이상이 아니면 정도적으로 10자리 이상을 얻는 것이 어렵다고 한다.

다음 프로그램 중에서 월리스, 오일러, 그레고리-라이프니츠의 전개 공식은 수렴이 좋지 않은 것 같고, 다른 7개의 전개 공식의 경우, 소수 제15자리까지 정확하게 구해졌다.

● 마친은 다음 공식을 사용하고 있다.

$$\pi/4 = 4\arctan(1/5) + \arctan(1/239)$$

```
100 REM * * * * * * * * * * * * * * * * * * * * * * * * * *
110 REM *    J. Marchin(1706) : 100 digit          *
120 REM *    ratio of the circumference            *
130 REM *    of the circle to the diameter         *
140 REM * * * * * * * * * * * * * * * * * * * * * * * * * *
150 REM atn: function name of arctan
160 REM # : double precision
170 AS# =4 * ATN(1/5#)-ATN(1/239#)
180 PRINT AS# * 4#
190 END
     3.141592653589793
```

● 다케베 다카히로(建部賢弘)는 다음 공식에 의하여 $\pi$를 계산하였다.

$$\pi^2 = 9\left(1 + \frac{1^2}{3 \cdot 4} + \frac{1^2 \cdot 2^2}{3 \cdot 4 \cdot 5 \cdot 6} + \frac{1^2 \cdot 2^2 \cdot 3^2}{3 \cdot 4 \cdot 5 \cdot 6 \cdot 7 \cdot 8} + \cdots\cdots\right)$$

```
100 REM * * * * * * * * * * * * * * * * * * * * * * * * * *
110 REM *    다케베 다카히로(1723) : 14 digit        *
120 REM *    ratio of the circumference            *
130 REM *    of the circle to the diameter         *
```

```
140 REM * * * * * * * * * * * * * * * * * * * * * * * * *
150 REM atn: function name of arctan
160 REM # : double precision
170 A#=1
180 B#=1
190 FOR 1=1 TO 100
200 B#=B# * I * I/((2 * I+1) * (2 * I+2))
210 A#=A#+B#
220 NEXT I
230 PRINT SQR(A# * 9#)
240 END
```

   3.141592653589793


● 마쓰나가 요시스케(松永良弼)가 사용한 공식은 다음과 같다.

$$\pi = 3\left(1 + \frac{1^2}{4 \cdot 6} + \frac{1^2 \cdot 3^2}{4 \cdot 6 \cdot 8 \cdot 10} + \frac{1^2 \cdot 3^2 \cdot 5^2}{4 \cdot 6 \cdot 8 \cdot 10 \cdot 12 \cdot 14} + \cdots\cdots\right)$$

```
100 REM * * * * * * * * * * * * * * * * * * * * * * * * *
110 REM *     마쓰나가 요시스케(1739) : 51 digit        *
120 REM *     ratio of the circumference               *
130 REM *     of the circle to the diameter            *
140 REM * * * * * * * * * * * * * * * * * * * * * * * * *
150 REM atn : function name of arctan
160 REM # : double precision
```

```
170 A#=1
180 B#=1
190 FOR I=1 TO 100 STEP 2
200 B#=B# * I * I/((2 * I+2) * (2 * I+4))
210 A#=A#+B#
220 NEXT I
230 PRINT A# * 3#
240 END
   3.141592653589793
```

● 베가의 공식은 아래의 것이다.

$$\pi/4 = 4\arctan(1/5) - 2\arctan(1/408) + \arctan(1/1393)$$

```
100 REM * * * * * * * * * * * * * * * * * * * * * * * *
110 REM *    베가(1789)                            *
120 REM *    ratio of the circumference           *
130 REM *    of the circle to the diameter        *
140 REM * * * * * * * * * * * * * * * * * * * * * * * *
150 REM atn: function name of arctan
160 REM # : double precision
170 AS#=4 * ATN(1/5#)-2 * ATN(1/408#)+ATN(1/1393#)
180 PRINT AS# * 4#
190 END
   3.141592653589793
```

● 가우스의 공식은 다음과 같은 것이다.

$$\pi/4 = 12\arctan(1/18) + 8\arctan(1/57)$$
$$- 5\arctan(1/239)$$

```
100 REM * * * * * * * * * * * * * * * * * * * * * * * * *
110 REM *     가우스                                       *
120 REM *     ratio of the circumference                  *
130 REM *     of the circle to the diameter               *
140 REM * * * * * * * * * * * * * * * * * * * * * * * * *
150 REM atn: function name of arc tan
160 REM # : double precision
170 AS#=12 * ATN(1/18#)+8 * ATN(1/57#)-5 * ATN(1/239#)
180 PRINT AS# * 4#
190 END
     3.141592653589793
```

● 스테르머의 생몰년은 불명이지만 공식은 다음과 같다.

$$\pi/4 = 6\arctan(1/8) + 2\arctan(1/57) + 2\arctan(1/239)$$

```
100 REM * * * * * * * * * * * * * * * * * * * * * * * * *
110 REM *     스테르머                                     *
120 REM *     ratio of the circumference                  *
130 REM *     of the circle to the diameter               *
140 REM * * * * * * * * * * * * * * * * * * * * * * * * *
150 REM atn: function name of arctan
160 REM # : double precision
```

```
170 AS#=6 * ATN(1/8#)+2 * ATN(1/57#)+ATN(1/239#)
180 PRINT AS# * 4#
190 END
  3.141592653589793
```

● 러더퍼드의 공식은 아래와 같다.

$$\pi/4 = 4\arctan(1/5) - \arctan(1/70) + \arctan(1/99)$$

```
100 REM * * * * * * * * * * * * * * * * * * * * * * * *
110 REM *    러더퍼드(1824) : 208 dight              *
120 REM *    ratio of the circumference             *
130 REM *    of the circle to the diameter          *
140 REM * * * * * * * * * * * * * * * * * * * * * * * *
150 REM atn: function name of arctan
160 REM # : double precision
170 AS#=4 * ATN(1/5#)-ATN(1/70#)+ATN(1/99#)
180 PRINT AS# * 4#
190 END
  3.14159265358993
```

그런데 앞에서 설명한 것과 같이, 그다지 수렴이 좋지 않았던 공식과 그 프로그램을 참고로 보인다.

● 월리스: $\pi = 2\left(\dfrac{2 \cdot 2 \cdot 4 \cdot 4 \cdot 6 \cdot 6 \cdots}{1 \cdot 3 \cdot 3 \cdot 5 \cdot 5 \cdot 7 \cdots}\right)$

```
100 REM * * * * * * * * * * * * * * * * * * * * * * * *
110 REM *    월리스                                   *
```

```
120 REM *    ratio of the circumference            *
130 REM *    of the circle to the diameter         *
140 REM * * * * * * * * * * * * * * * * * * * * * * * *
150 A#=1#
160 FOR I = 10000 TO 1 STEP-1
170 A#=A# * (2# * I * 2# * I)/((2# * I-1#) * (2# * I+1#))
180 NEXT I
190 PRINT A# * 2#
200 END
   3.141514118681485
```

● 그레고리-라이프니츠:

$$\pi/4 = \left(1 - \frac{1}{3} + \frac{1}{5} - \frac{1}{7} + \frac{1}{9} - \frac{1}{11} + \cdots\cdots\right)$$

```
100 REM * * * * * * * * * * * * * * * * * * * * * * * *
110 REM *    그레고리-라이프니츠                    *
120 REM *    ratio of the circumference            *
130 REM *    of the circle to the diameter         *
140 REM * * * * * * * * * * * * * * * * * * * * * * * *
150 REM # : double precision
160 A#=0
170 FOR 1=10000 TO 1 STEP-1
180 IS# = 1
190 IF (I-INT(1/2) * 2)=0 THEN IS# = -1
200 A#=A#+IS#/(2 * I-1)
```

```
210 NEXT I
220 PRINT SQR (A# * 4)
230 END
   1.772425641201922
```

그레고리는 1671년에, 라이프니츠는 1673년에, 따로따로 같은
공식을 발견하였다.

● 오일러 : $\pi^2 = 12\left(\dfrac{1}{1^2} - \dfrac{1}{2^2} + \dfrac{1}{3^2} - \dfrac{1}{4^2} + \dfrac{1}{5^2} - \cdots\cdots\right)$

```
100 REM * * * * * * * * * * * * * * * * * * * * * * * * * *
110 REM *   오일러                                      *
120 REM *   ratio of the circumference                 *
130 REM *   of the circle to the diameter              *
140 REM * * * * * * * * * * * * * * * * * * * * * * * * * *
150 REM # : double precision
160 A#=0
170 FOR 1=5000 TO 1 STEP-1
180 IS#=1
190 IF (I-INT(I/2) * 2)=0 THEN IS# = -1
200 A#=A#+IS#/(I * I)
210 NEXT I
220 PRINT SQR (A# * 12)
230 END
   3.141592615398161
```

# 제8장

# $\pi$는 통계에도 사용된다

## ■ 8-1 확률·통계의 역사

먼저 묘조(明星) 대학의 우키타(宇喜多義昌) 씨의 논문을 인용한다.

「기하학은 B.C.3000~B.C2000의 이집트의 토지 측량사의 측량으로부터 발생하여 그리스인 사이에서 발전하여 그 체계가 만들어졌다고 한다.

그 대표적 수학자 유클리드는 B.C.300년경의 사람이라고 한다. 따라서, 기하학은 그 이전부터 존재했음에 틀림없다.

대수학은 인도나 아라비아의 수학에서 일어나 기원 1세기경부터 있었다고 한다. 이것도 오랜 시대부터 존재하였다.

해석학은 미적분의 단서가 된 뉴턴(1642~1727)의 논문이 1704년에 발표된 데서 300년 가까운 역사가 있다는 것이 된다.

그런데, 확률론의 단서는 17세기 중엽의 파스칼과 페르마의 편지 왕래에 의해 진척되어 학문으로서의 형식을 만든 것은 라플라스(1749~1827)의 『해석적 확률론』(1812)이라고 하는 데서 180년쯤 전의 일이다.

한편, 통계학에 대해서는 피어슨(1857~1936)이나 갈톤(1822 ~1911)이 시작한 기술 통계학으로부터인 데서 아직 100년 남짓밖에 되지 않는다.

또한, 현재 통계학의 주류인 추측 통계학은 고셋(1876~1936)의 논문(1908)과 피셔(1890~1962)의 논문(1925 및 1935)이 발표된 이후의 통계학이라고 한다.

이에 의하면, 50년쯤의 역사밖에 안 된다.

우리나라에서 확률이나 통계가 학교 교육의 장에서 다루어지게 된 것은 제2차 세계 대전 후의 일이다.

확률에 대해서는 전전에도 조금 다루기는 하였으나 대학에서 거의 볼 만한 것이 없었다.

이 논문은 간략한 것이지만 요령 있게 진실을 전하고 있다.

그런데, 전후 통계 교육이 재평가되어 중, 고등학교 아니 초등학교 교과서에까지 얼굴을 내밀게 되었다.

교수법의 확실한 체계가 결정되지 않은 것이나 대학입시에서 제외된 것, 또한 어떤 문제를 내면 되는가 분명하지 않은 면도 있고 또, 주사위나 동전의 앞뒤 등의 유치한 확률과 학급 사람의 신장이나 체중의 통계를 잡는 것과 확률·통계 이론의 어려움의 양극단인 것 등에서 현장에서의 교수법에 대단한 고심이 수반되는 데서 전후 40년 이상 지난 지금도 확고한 지반을 구축하지 못했다.

그 결과, 현재의 고교에서 확률·통계를 이수하는 사람이 아주 적은 것도 이런 사실을 얘기해 준다.

서론은 이만큼 해두고 확률·통계에 대해서 좀 더 얘기하고 π와 통계의 관계를 알아보기로 한다.

## ■ 8-2 확률·통계를 연구한 사람들

확률을 처음으로 학문으로 다루게 된 원인은 이탈리아의 대수학자 지롤라모 카르다노(1501~1576)의 연구에 의한다.

그는 밀라노의 변호사의 사생아로 태어났는데, 파도바 대학의 의학부를 졸업하고 먼저 의사가 되었다.

그 후 철학과 수학을 배우고 끝내는 파비아의 시장이 된 사람이다.

그는 점성술과 천문학도 연구하였다.

또한 전문적인 도박사로서도 일류였다.

카르다노(1501~1576)

어느 때, 도박사의 한 사람에게서 「2개의 주사위를 던질 때(3개라는 설도 있다) 가장 많이 나오는 눈의 합은 7인 것 같은데 왜 그럴까요?」라는 질문을 받고 수학적으로 그것을 해명하였다.

눈의 합이 2가 되는 것은 단지 한 가지인데, 눈의 합과 그 나오는 수는 3이 2가지, 4가 3가지, 5가 4가지, 6이 5가지, 7이 6가지, 8이 5가지, 9가 4가지, 10이 3가지, 11이 2가지, 12가 1가지이다.

| 눈의 합 | 2 | 3 | 4 | 5 | 6 | 7 | 8 | 9 | 10 | 11 | 12 |
|---|---|---|---|---|---|---|---|---|---|---|---|
| 나오는 수 | 1 | 2 | 3 | 4 | 5 | 6 | 5 | 4 | 3 | 2 | 1 |

2개의 주사위 눈의 합과 나오는 수

확실히 2개의 주사위 눈의 합이 7인 때의 횟수가 가장 많이 나오는 것을 알았다.

그 나오는 법은 (1, 6), (2, 5), (3, 4), (4, 3), (5, 2), (6, 1)의 6가지가 된다.

이것으로부터 그는 대수학에 관한 책 외에 도박에 관한 책도 썼다.

그가 쓴 대수학의 책에 대해서는 다음과 같은 에피소드가 남아 있다.

타르탈리아라는 수학자가 3차방정식의 일반적 해법을 발견하였다는 소문을 듣고 카르다노는 그것을 알고 싶어서 타르탈리아에게 부탁했는데 잘 가르쳐 주지 않았다.

드디어, 타르탈리아는 「꼭 비밀을 지킨다」라는 약속으로 카르다노에게 가르쳐 주었다.

그런데 카르다노는 그런 약속은 조금도 지키지 않고, 마치 자기가 연구해 발견한 것처럼 발표하였다.

그 때문에, 현재도 3차 방정식의 일반적 해법은 카르다노의 발견이라고 잘못 전해지고 있다.

카르다노는 천재라고 불리는 한편, 광인이라고도 불린다.

그는 「2개의 주사위를 동시에 던져 그 눈의 합에 건다고 하면 눈의 합이 7에 거는 것이 가장 유리하다」라고 했다.

확실히 그렇다.

확률(확실함)이 생각을 기초로 하여 연구된 학문이 통계학인데, 통계학에는 두 가지 것이 있다.

한 가지는 기술 통계학으로 몇 가지 데이터의 합계나 평균, 표준편차 등을 구하는 것이다.

또 한 가지는 「추계학(推計學)」 또는 「추측 통계학」이라고 하는 것인데, 많은 데이터로부터 추측하여 「이럴 것이다」라는 결론에 연관시켜 일어날 수 있는 확률이나 몇 %인가의 신뢰도를 기초로 하여 장차 일어날 수 있는 것을 예측하는 학문이다.

이들 확률을 기초로 한 추측 통계학 중에 π가 사용되고 있다.

카르다노 외에 확률의 사고방식을 연구한 사람에 프랑스의 블레즈 파스칼(Blaise Pascal, 1623~1662)이 있다.

그는 프랑스 중남부 오베르뉴의 클레르몽페랑에서 태어났다. 3살 때 어머니를 잃고 소년 시대에 아버지 에티엔을 따라서 두 자매와 파리로 이사 갔다.

그는 학교 교육을 받지 않았지만, 독학으로 유클리드 기하학의 공부를 시작하였다.

아버지는 「너무 어릴 때부터 어려운 공부를 해서는 안 된다」라고 하면서 책을 모두 감추어 버렸다.

그런데, 12살 때, 그는 「삼각형의 내각의 합은 일정하다」라고 하면서 그 이유를 설명하였으므로, 아버지는 놀랐다. 이것은 도형의 이야기이다.

그의 유명한 파스칼의 삼각형은 $(a+b)^n$의 전개식에 있어서 계수를 삼각형 모양으로 배열하는 다음과 같은 것이다.

| | | | | | | |
|---|---|---|---|---|---|---|
| $(a+b)^1$ | | 1 | | | 1 | |
| $(a+b)^2$ | | 1 | | 2 | | 1 |
| $(a+b)^3$ | 1 | | 3 | | 3 | 1 |
| $(a+b)^4$ | 1 | 4 | 6 | 4 | 1 | |
| $(a+b)^5$ | 1 | 5 | 10 | 10 | 5 | 1 |

………        ……………………………

또, 액체에 관한 파스칼의 원리는 너무나도 유명하여 현대의 자동차의 오일 브레이크, 건설 기계의 증기 해머나 열차의 브레이크 등에 널리 응용되고 있다.

파스칼은 확률론의 연구를 페르마와 편지 왕래를 하면서 진행하였다.

잊지 말아야 할 것은 철학자로서는 일류였고 『광세(수상록)』라는 책 속에 〈인간은 생각하는 갈대이다〉라는 저 유명한 말을 남겼다는 사실이다.

## ■ 8-3 정규분포와 신뢰도

확률과 $\pi$를 무리하게 결부시키면 다음과 같은 문제를 만들 수 있다.

(ex.) 한 변이 1m인 정사각형의 한가운데에 반지름 30㎝의 원이 있다. 작은 공을 던져서 그 공이 가운데의 원에 맞추는 확률은

얼마인가. 단, 정사각형의 둘레는 맞
춘 것으로 하고, 또 공이 원주에 맞았
을 때는 원 안에 맞은 것으로 한다.

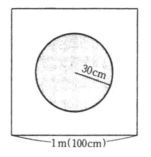

　(해) 정사각형의 넓이는 $1\text{m}^2=10000$
㎠이고 가운데의 원의 넓이는 $30^2\pi = 900\pi$
(㎠)이므로 원 안에 공이 맞는 확률은

$$p = \frac{900\pi}{10000} = \frac{9\pi}{100} = 0.09\pi$$

가 된다($\pi$=3.14로 계산).

　이 문제는 쉽게 풀기 위해서 무리하게 만든 것인데, 가운데를 노
리면 어떻게 되는가. 명인이라면 백발백중이므로 100% 될지도 모르
겠지만, 수학적으로 생각하면 답은 $0.09\pi$ 또는 대략 28.26%가 된다.

　그런데 조금 어려운 문제인데, 프랑스의 생물학자인 조르주 뷔
퐁(1707~1788)은 평면상에 등간격으로 평행선을 그어 그 간격과
같은 길이의 바늘을 위로부터 무작위로로 떨어뜨렸을 때, 바늘이

직선과 교차하는 확률은 $\dfrac{\pi}{2}$인 것을 발견하였다. 여기에도 $\pi$가 들

어가 있다.

　왜, 이 문제에 $\pi$가 들어가는가 의문시하는 사람도 있다고 생각
되지만, 사실 이 문제는 각과 관계가 있기 때문이다.

　각에서 삼각비, 삼각비에서 외의 관계가 나온다.

　오거스터스 드 모르간(Augustus De Morgan, 1806~1871)은 이
실험을 학생에게 시켜 보았다. 그 결과 600회의 실험에서 $\pi = 3.137$
이 나왔다고 한다.

　확률 중에도 $\pi$가 나타났는데, 통계학 중에도 $\pi$는 사용된다.

예를 들면, 데이터(자료)가 아주 많을 때, 그들의 도수분포는 평균값을 중심으로 하여 좌우 대칭인 쾌종형이 되는 것이 보통이다. 이런 분포를 「정규분포(normal distribution)」라고 한다.

같은 나이의 사람 1,000명의 지능 지수를 조사하여 도수분포를 만들었더니 다음의 표와 같이 되었다.

이 표는 묘조(明星) 대학 교수 우키타(宇喜多義昌) 지음 『통계 수학 입문』에서 옮긴 것이다.

| 지능지수($X$) | 도수 | 상대도수 |
|---|---|---|
| 54.5이상~64.5미만 | 3 | 0.003 |
| 64.5~74.5 | 21 | 0.021 |
| 74.5~84.5 | 90 | 0.090 |
| 84.5~94.5 | 295 | 0.295 |
| 94.5~104.5 | 330 | 0.330 |
| 104.5~114.5 | 201 | 0.201 |
| 114.5~124.5 | 54 | 0.054 |
| 124.5~134.5 | 5 | 0.005 |
| 134.5~144.5 | 1 | 0.001 |
| 계 | 1000 | 1 |

같은 나이의 성인의 지능 지수 $X$는 인원수를 크게 잡으면, 변역을 가진 연속적 확률 변수를 볼 수 있다.

오른쪽 그림은 각 구간 위의 직사각형의 넓이가 상대 도수의 크기가 되도록 그린 히스토그램과 절선 그래프이다.

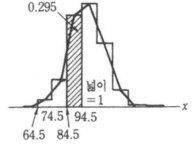

도수분포 다각형

오른쪽 그림은 많은 자료를 사용하여 분류의 구간을 세밀히 하였을 때의 절선 그래프의 극한이라고 생각되는 곡선이다.

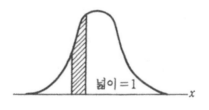

이 곡선은 다음 식으로 근사적으로 표시된다.

$$y = \frac{1}{\sqrt{2\pi}\,\sigma} e^{-\frac{(x-m)^2}{2\sigma^2}} \quad \text{(단, } m, \ \sigma \text{는 상수로 } \sigma < 0\text{)}$$

이 식으로 표시되는 곡선을 「정규분포곡선(normal distribution curve)」이라고 한다.

여기서 함수 $\dfrac{1}{\sqrt{2\pi}\,\sigma} e^{-\frac{(x-m)^2}{2\sigma^2}} = f(x)$ 라고 놓으면, 다음과 같은 것을 알 수 있다.

(1) $f(m+a) = f(m-a)$ ($a$는 임의의 상수)

(2) $\lim\limits_{x \to \infty} f(x) = 0$

(3) 이 함수 $f(x)$는 임의의 $x$의 값으로 양이며, $x = m$에서 최대값(maximum value, maximal value) $\dfrac{1}{\sqrt{2\pi}\,\sigma}$ 을 가진다.

(4) $-\infty < x < m$에서 $f(x)$는 단조 증가이며, $m < x < \infty$에서 $f(x)$는 단조 감소이다.

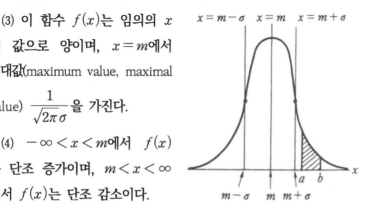

또한, 직선 $x = m$를 대칭축으로 하는 좌우 대칭인 쾌종형 곡선이며 $x$축을 점근선으로 하고 있다.

(5) 이 곡선 $y = f(x)$는 2개의 변곡점을 가지며, 그것은 곡선과 두 직선

$$x = m - \sigma, \ x = m + \sigma$$

와의 교점이다.

확률 변수 $x$의 폐구간 $[a, b]$ ($a \leq x \leq b$와 같은 구간)에 속하는 확률 $P(a \leq x \leq b)$가

$$P(a \leq x \leq b) = \int_a^1 \frac{1}{\sqrt{2\pi}\,\sigma} e^{-\frac{(x-m)^2}{2\sigma^2}} \, dx$$

가 된다. $x$의 확률밀도함수가 $\dfrac{1}{\sqrt{2\pi}\,\sigma} e^{-\frac{(x-m)^2}{2\sigma^2}}$ 이 될 때, 「$x$는 정규분포를 한다」라고 한다.

이 확률밀도함수를 $n(x \,|\, m, \sigma^2)$고 쓸 수도 있다.

이때, $x$의 평균값과 분산은 $E(X) = m$, $\sigma x^2 = \sigma^2$가 된다는 것이 알려져 있다.

평균값이 $m$, 분산이 $\sigma^2$의 정규분포를 $N(m, \sigma^2)$로 나타낸다.

특히, $m = 0$, $\sigma = 1$인 때에는 확률밀도함수는 $\dfrac{1}{\sqrt{2\pi}} e^{\frac{x^2}{2}}$ 이 되는데, 이때 「$x$는 표준정규분포 $N(0, 1)$한다」라고 한다.

$X$의 확률분포가 정규분포 $N(m, \sigma^2)$인 때, $Z = \dfrac{X - m}{\sigma}$의 확률분포는 표준정규분포 $N(0, 1)$이 된다. 이것을 「규준화」 또는 표준

화라고 한다.

정규분포에 대해서는 다음과 같다.

$$P(m-\sigma \leq X \leq m+\sigma) = \int_{m-\sigma}^{m+\sigma} f(x)dx = 0.683$$

$$P(m-2\sigma \leq X \leq m+2\sigma) = \int_{m-2\sigma}^{m+2\sigma} f(x)dx = 0.954$$

$$P(m-3\sigma \leq X \leq m+3\sigma) = \int_{m-3\sigma}^{m+3\sigma} f(x)dx = 0.997$$

단, $f(x) = \dfrac{1}{\sqrt{2\pi}\,\sigma} e^{-\dfrac{(x-m)^2}{2\sigma^2}}$ 이다.

이것을 그림으로 나타내면, 오른쪽 그림과 같이 된다. 이것은 유명한 것이므로 잘 알고 있을 것이다.

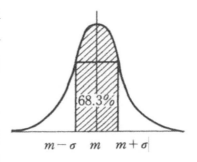

나이가 같은 사람의 신장·체중·지능지수나 일정한 관리하에서 만들어진 제품의 크기, 무게 등의 분포도 정규분포하는 것으로 다루어지고 있다.

앞에서 설명한 것과 같이, 확률·통계의 학문은 연구가 시작된 지 얼마 되지 않지만 현대 사회에서는 모든 방면에서 중요한 자리를 차지하고 있다.

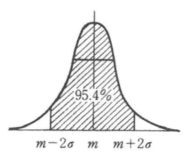

앞으로 더욱더 이 방면의 학문은 발전하여 사회의 요구에 부응

할 것이다.

필자도 간호사를 많이 교육하였는데, 의학에서는 통계학이 필수적으로 되고 있다.

또한 생물학 등에서도 통계학이 활발하게 사용되게 되었다.

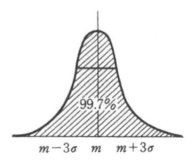

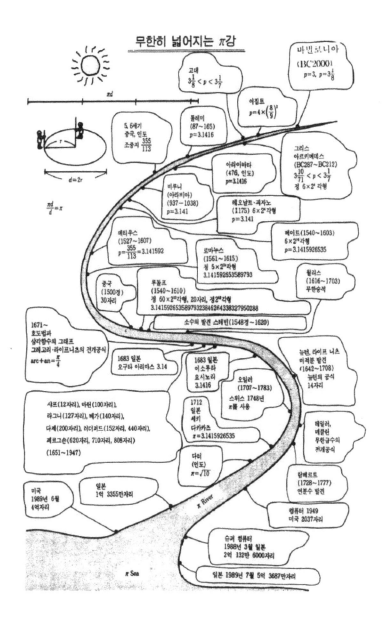

무한히 넓어지는 π강

# 끝으로

필자는 학생 때, 은사인 사사베(植部貞市郎) 선생님, 미가미(三上義夫) 선생님, 야노(矢野健太郎) 선생님에게 사사하여 수학사에 깊은 감명을 받고 세상에 몇 권의 책을 내놓았다. 세월이 지났기 때문에 정확도를 높이고자 다음 페이지의 책을 참고로 하였다. 저자와 출판사에 대하여 감사하는 바이다.

또한 이 책으로 만족하지 못하는 사람은 더 앞선 책을 읽어 보기 바란다.

이 책을 쓰도록 발단이 된 히라야마(平山諦) 선생님의 『원주율의 역사』에서 가장 많이 인용하였으므로 깊이 감사한다. 또한, 묘조(明星) 대학 교수 우키타(宇喜多義昌) 선생님의 호의에 의하여 논문과 자료를 인용하였다.

그리고, 일본 수학 교육학회 명예회장 마쓰오(松尾吉知) 선생님의 지도를 받았으며 그 호의에 의해서 도쿄(東京) 이과대학 정보처리센터의 우치다(內田好) 선생님으로부터 컴퓨터의 프로그램 원고를 받았으며, 또 일본 수학사 학회 회장 시모히라(下平和夫) 선생님으로부터 에도(江戶)시대의 일본 수학에 대하여 조언을 받았다.

여러 선생님에게 새삼 감사의 뜻을 전한다. 고맙습니다.

이즈 유가시마(伊豆 湯ヶ島)에서
호리바 요시카즈

# 참고도서

『거실의 수학』 사사베(植部貞市郎) 지음, 성문사(聖文社)

『원주의 역사』 히라야마(平山諸) 지음, 오사카(大版) 교육도서

『π의 역사』 P. 베크먼 지음, 다오(田尾)·시미즈(清水) 공역, 소주(蒼樹) 서방

『통계수학 입문』 우키타(字喜多義昌) 지음, 신수사(新數社)

『수학 영일·일영 사전』 오마쓰(小松勇作) 엮음, 교리츠(共立) 출판

『대일본 백과사전 자포니카』 소학관(小學館)

『어린이 컬러 도감(산수)』 호리바(堀場芳一) 지음, 강담사(講談社)

『학습 종합 대백과사전』 호리바(堀場芳一) 지음, 강담사(講談社)

# 원주율 $\pi$의 불가사의

**아르키메데스에서 컴퓨터까지**

**초판 1쇄**  1987년 10월 30일
**개정 1쇄**  2023년 12월 12일

**지은이**  호리바 요시카즈
**옮긴이**  한명수
**펴낸이**  손동민
**펴낸곳**  전파과학사
**주소**  서울시 서대문구 증가로 18, 204호
**등록**  1956. 7. 23. 등록 제10-89호
**전화**  (02)333-8877(8855)
**FAX**  (02)334-8092
**홈페이지**  www.s-wave.co.kr
**E-mail**  chonpa2@hanmail.net
**공식블로그**  http://blog.naver.com/siencia

ISBN 978-89-7044-641-7 (03410)
파본은 구입처에서 교환해 드립니다.
정가는 커버에 표시되어 있습니다.